网架结构辅助设计软件 STADS
开发原理与工程应用

王孟鸿 著

中国建筑工业出版社

图书在版编目（CIP）数据

网架结构辅助设计软件 STADS 开发原理与工程应用/
王孟鸿著. —北京：中国建筑工业出版社，2019.12
ISBN 978-7-112-24787-5

Ⅰ.①网… Ⅱ.①王… Ⅲ.①网架结构-计算机辅
助设计-应用软件 Ⅳ.①TU356.04-39

中国版本图书馆 CIP 数据核字（2020）第 018057 号

本书以钢结构辅助设计系列软件：网架辅助设计软件 STADS（STeel Aid De-sign Series）的开发过程为出发点，着重介绍了 STADS 软件使用和编制原理。首先进行了软件的菜单使用说明和功能介绍，进而指明了软件的编制原理，特别是对各国规范的应用和编程进行了较为详尽的说明。由于每个开发者的流程设计和编程习惯不同，因而菜单设置和对话框也会有所不同，为了方便使用者尽快上手，最后分别介绍了平板形网架、筒壳形和球壳形的建模、加载、分析和设计过程。第 8 章介绍了本软件和 FLUENT 的接口程序设计，用于复杂结构表面风压体型系数的计算，并在附录中进行了各种数据存储格式的解释和一些标准图的应用。本书配合设计软件可以作为土木工程-房屋建筑方向高年级学生学习大跨网架结构的参考书和毕业设计之用，同时可供网架结构工程的设计人员参考和使用。

责任编辑：刘瑞霞 辛海丽
责任校对：李美娜

网架结构辅助设计软件 STADS 开发原理与工程应用

王孟鸿 著

*

中国建筑工业出版社出版、发行（北京海淀三里河路 9 号）
各地新华书店、建筑书店经销
霸州市顺浩图文科技发展有限公司制版
北京建筑工业印刷厂印刷

*

开本：787×1092 毫米 1/16 印张：11½ 字数：275 千字
2020 年 3 月第一版 2020 年 3 月第一次印刷
定价：**49.00** 元
ISBN 978-7-112-24787-5
（35014）

前　言

网架结构对于从事空间结构设计人员而言都已经不陌生，就是空间桁架结构通过合理可行的节点形式在实际工程中的实现，从而使得空间桁架可以组成任意的空间结构体系。现在又有了各种相贯焊接节点和管板节点等，《空间网格结构技术规程》J 1072—2010 所定义的网架节点更有 7 种节点形式之多。然而，通常所说的网架结构一般指螺栓球和焊接球两种节点形式，我们在这里也主要对这两种节点形式进行着重论述。

本书的工作——STADS 网架结构辅助设计软件的开发过程，最早应该追溯到 1992 年在北方设计院（兵器工业六院）的科研立项，之后经历了与常州网架厂和苏州网架厂的合作，使得开发工作不断完善。2000 年在西安建筑科技大学攻读博士和在北京交通大学博士后工作期间使得自己有时间完善了部分非线性分析方面的功能。功能的进一步完善主要还是 2005 年我到北京建筑大学以后进行的，在这里不得不提的也是我着重要感谢的是江苏恒信钢结构有限公司的丁思洋总经理以及设计部的闫怀军、薛强工程师，在十几年的合作中对软件的使用功能方面提出了很多合理建议，对软件进行了大量的改进工作，增加了很多工程应用功能，特别是在涉外工程和国外规范的应用方面，我们进行了很多有益的探讨和合作，在此表示感谢。

一直以来软件主要供自己、朋友和本科学生的毕业设计使用，总想写一本使用说明，一来满足学生毕业设计学习软件之用，二来也给一些朋友和同行的使用带来方便。同时如果只写软件使用又感觉理论深度不够，因此，本书的章节按照软件菜单的使用过程编写，一方面解释菜单的使用和对话框的数据交换格式，另一方面对程序编制的原理进行尽可能详尽的交代，做到让大家知其然并知其所以然，避免使用过程中输入错误数据造成不必要的错误结果。同时，将自己在网架结构设计方面的一些设计经验或者说技巧跟同行进行一些交流，做到互通有无。

书中涉及的国内规范参见相关规范标准，而对于涉及的国外规范的相关章节尽量进行了详尽的论述，不明之处可以参照相关规范规程。另外，各国的规范规程也可能在不断修改之中，希望大家参见最新的版本。在本书编写过程中，我的研究生：石飞宇、刘嘉柳、翟帅虎进行了部分章节国外规范的外文翻译和部分图形表格的绘制工作。第 8 章与 AN-SYS FLUENT 软件接口程序的研制和体型系数的计算都是由我的研究生李超同学完成的。本书的出版得到了"国家自然科学基金项目（51578038）""基本科研业务费（2019年-30890919065）"和"促进高校内涵发展定额项目-博士一级学科授权点建设（2019年-31081019001）"的支持。在此一并表示感谢！

目前，在国内网架结构已经是一种比较成熟的产品，特别是螺栓球网架，已经作为产品大量输出国外，大量应用于国内外的钢铁、水泥和电力行业的储料库中，跨度和体量越来越大。国内已有众多的网架专业设计人员，特别是对于一些专门从事网架结构设计、加工和安装的专业人员而言，本书可能挂一漏万，抑或存在一些不合理之处，希望同行和设计高手不吝赐教，不胜感激！（联系邮箱：wangmh@bucea.edu.cn）

王孟鸿

于北京建筑大学西城校区

目　录

第1章 关于网架结构的自动建模与数据交换

1.1 STADS 的主体菜单功能

STADS 软件（图 1.1-1）主要分为四个功能区，由上至下依次为：（1）菜单引导区；（2）功能条引导区；（3）图形显示区；（4）提示区域。各项功能配合，采用菜单和功能条引导、图形显示、提示区加以说明的方式完成任意形状网架结构的建模、加载、计算、结构优化到加工图绘制的全过程设计工作。

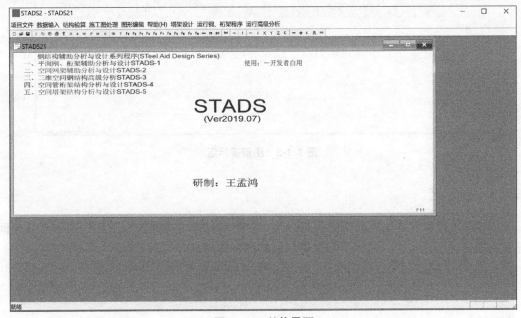

图 1.1-1 总体界面

1.1.1 菜单引导和功能条引导

主要完成一定的使用功能，菜单引导依据功能的相近性分为 2 级或者更高一级菜单，而功能条引导通常将使用频率比较高的菜单功能置于功能条区域，使用起来更加方便、直接（图 1.1-2）。

1.1.2 图形显示区域

图 1.1-3 用来显示结构模型图，采用三维空间立体显示，由于用二维平面显示三维图

项目文件	数据输入	结构验算	施工图处理	图形编辑	帮助(H)	塔架设计	运行钢、桁架程序	运行高级分析

图 1.1-2　菜单与功能条

形，通常由 X、Y、Z 键实现视图方向，而用上、下、左、右键实现视图倾角，End 键恢复正视图。同时，配合菜单或者功能条可以调整每一步的旋转角度（默认步长 10°）。

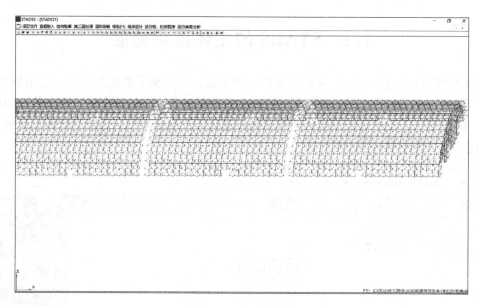

图 1.1-3　图形显示区

1.1.3　提示区

图 1.1-4 用来显示菜单和功能条的功能，左侧是对使用功能加以辅助说明提示，中间显示功能键的激活与否，右侧显示文件存储路径和文件名，起到了提示说明的作用。

图 1.1-4　提示区

1.2　文件存储格式

（1）运行文件-STADS. EXE；

（2）数据文件-文件名 . DWJ；

（3）计算结果-文件名-＊. TXT；

（4）中间结果-WJ ****．TXT；

（5）图形文件-******．DDT。

一般来说，结构软件辅助设计分为三个阶段：

（1）前处理-建模。

（2）结构计算-优化。

（3）后处理-出图。

软件的开发依据使用功能的先后次序由左至右、由上至下执行，并辅以功能条加以说明，对于重点的必须使用的功能加以着重号（√）提示，本书也以上述次序加以论述。

1.3　功　能　条

功能条如图 1.3-1 所示，依次解释如下：

R：重新显示图形，消除一些临时图形符号；

A：显示全图，自动检测显示最大范围；

W：窗口选择放大显示范围；

P：图形平行移动显示；

M：返回显示模型，在显示 *．DDT 图形模式下返回显示计算模型图；

G：固定截面和节点，固定后优化时对该类节点和构件不进行调整；

F2：极坐标和直角坐标转换；

F3：以直角步长移动-跟头键；

F4：以极坐标步长移动-跟头键；

F5：定义极坐标原点；

F6：定义捕捉有效间距，同时可以改变节点大小和显示字符大小；

F7：光标自动捕捉节点；

F8：光标自动捕捉杆件；

F9：定义直角坐标步长；

F10：定义极坐标步长；

F11：循环显示不同模型信息，同时可以由 TB（Tab）键直接定义显示信息（图 1.3-2），具体显示内容参见菜单提示。

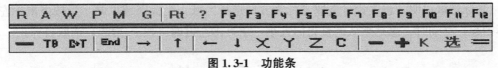

图 1.3-1　功能条

F12：直接给出直角坐标或者极坐标数据（图 1.3-3）；

＝＝：空格键按照"上弦-下弦-腹杆"的次序显示；

TB（tab）：直接定义显示信息（图 1.3-2）；

C-T（Control＋tab）：变换 Z（厚度）坐标（图 1.3-4）；

上、下、左、右：每按一次，按相应角度倾斜视图（默认 10°，与图形编辑→转角步

3

长，确定控制角，图 1.3-5）；

  End：任意视图状态恢复为正视图；

  X：沿着 X 轴方向视图；

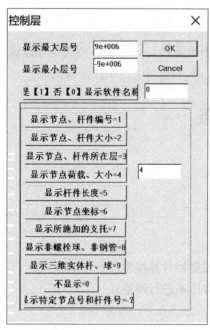

图 1.3-2　定义显示信息

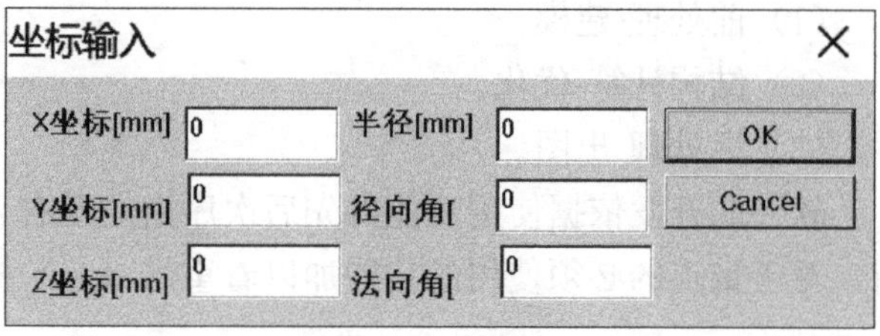

图 1.3-3　坐标输入

图 1.3-4　变换 Z 坐标

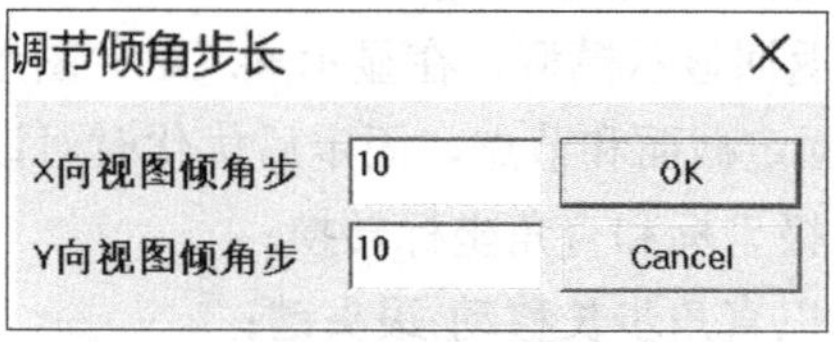

图 1.3-5　确定控制角

  Y：沿着 Y 轴方向视图；

  Z：沿着 Z 轴方向视图；

  C：跟头键-确定是否计算与光标相交构件；

  ＋、－：Z 方向坐标增大、减小；

  K：光标选择范围是否选择相交构件；

  选：布置图形时，选择图块（同：图形编辑→选择图块）；

  ＝显示特殊层号。

  光标选取说明：程序设计选取光标为方形选择区域，光标区域可调，当按下鼠标左键（不抬起）移动时，总是默认调整光标大小，单点击左键时（按下-抬起）选取目标。

1.4　项 目 文 件

  运行最左边项目文件菜单如图 1.4-1 所示。该菜单内容主要用来进行文件的相关操作，包括：本软件数据的存储、跟相关通用软件的转换、读取某一版本的数据结构（本软件的版本以年月日来加以定义，读取旧版本也是以年月日来进行控制的）等内容。

图 1.4-1　项目文件

1.4.1　文件处理

主要包含两部分内容，除生成新项目是建模之外，其他全部是文件处理。由于网架结构涵盖构件库等一些与厂家配套的相关配件等，因此，在程序运行后首先打开一个已经存在的数据文件-"＊＊＊.DWJ"，并同时定义了运行文件夹位置（建议与运行文件在同一个文件夹下执行），以读入构件库等内容，除此以外还包含了与其他相关软件的数据交换。

下面对每一个菜单项进行详细解释。

1.4.2　生成新项目

图 1.4-2 实则是快速建模的过程，在建模对话框里分为如下几部分：

1～12 项为常见的双层网架类型：通过控制网架层数可以生成三层网架，网架高度（厚度）的正负号用来指明控制层是上弦层（＋）或者下弦层（一）。

13～22 项为单层网壳模型。

23～29 项为单层球壳模型：此处应该指明单层球壳中心孔大小（0-无中心孔）。

30 项为四角塔架：参数输入配合（图 1.4-3）二级对话框执行。

31 项直接读取 ＊.DXF 文件建模，对于 CAD 文件程序只认 LINE 和 PLINE 两种线形，相连接点自动形成节点。

32 项生成标准四角锥双层球壳：球壳控制层厚度同样通过网架高度（厚度）的正负号来指明控制层是上弦层（＋）或者下弦层（一），需要说明的是环向网格数只表示中心孔的环向网格数（通常取 4），而外环的网格数量是通过最小环杆长度确定的，当给定最小环杆长度后（比如＝3000），单击最小环杆长［计算］键，在环网格和放大环内，会出现

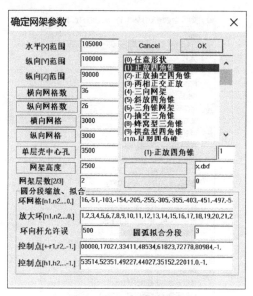

图 1.4-2 建模对话框

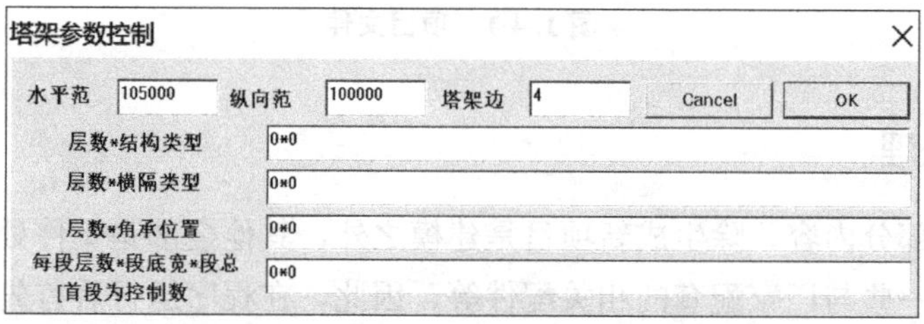

图 1.4-3 塔架建模对话框

以逗号隔开的数据，比如：4，15，31，45，71，100，0，和 1，2，3，4，6，11，0，也就说明在第 1 个环向分 4 个网格、第 2 个环 15 个网格、第 3 个环 31 个网格，以此类推第 11 环 100 个网格，如此增加网格数量保证了环向网格长度不大于 3000，从而使得球壳网格划分自动进行，当然也可以人工干预，或增加或减少，一定要以逗号隔开，示例如图 1.4-4 所示。

33 项生成任意旋转双层四角锥球壳：除满足 32 项说明外，任意旋转球壳可以旋转出任意的球壳或者椭球壳和椎体。任意旋转球壳体是通过控制矢高［计算］键来实现的，单击控制矢高［计算］键，在控制点［r1，r2，…］和控制点［h1，h2，…］内，会出现以逗号隔开的数据，比如：00000，11480，21213，27716，30000，-1，和 30000，27716，21213，11480，0，-1，也就说明在半径为 0（中心）、11480、21213、27716、30000 的位置，其旋转壳体高度分别为：30000、27716、21213、11480、0，以此类推。程序根据三点定圆的原则，也就是说每三组数据拟合成一段圆环，这就要求必须三组数据一组，必须 3、5、7、9……，使用者可以不断调整数值，从而拟合成任意旋转壳体，示例如图 1.4-5 所示。

34 项生成标准四角锥双层筒壳：环向杆件长度控制同 32 项说明。

35 项生成任意旋转双层四角锥筒壳：筒壳控制高度同 33 项说明。

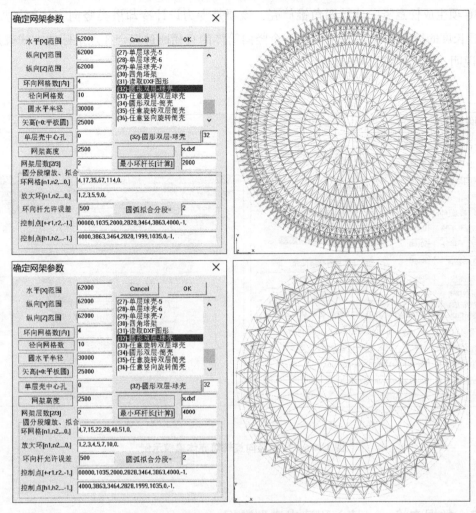

图 1.4-4　球壳建模示例

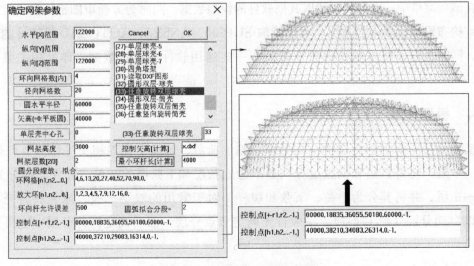

图 1.4-5　任意球壳建模示例

7

36 项生成任意竖向旋转四角锥筒壳：该项是专为设计冷却塔类竖向壳体而增加的，环向杆长度的控制同 32 项说明，每一个竖向筒体的直径通过拟合 3 点定圆的方式确定同 33 项说明，示例如图 1.4-6 所示。

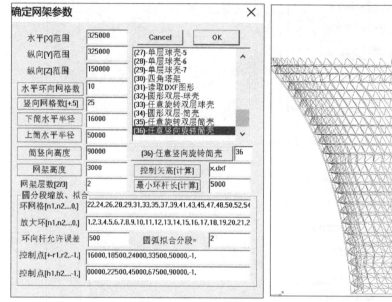
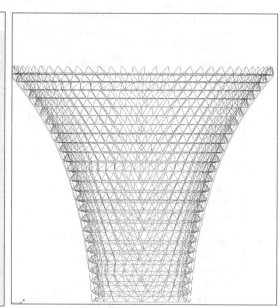

图 1.4-6　任意竖向旋转筒壳体建模示例

1.4.3　数据交换——读入和读出模型数据

在该项菜单中，内容涵盖读取其他软件的模型数据，同时为方便审图机构和设计单位审阅结构布置和荷载施加状况，可以读取 SUP200、ANSYS、AUTOCAD 等软件的接口数据，同时也可以将本软件的数据转换为一些通用软件的接口数据，详见相关菜单项提示。

1.4.4　模型分层（上下弦）

模型分层，有利于后续的结构处理、施加荷载、施加支托等相关工作。节点分 0、1、2～n 层，将奇数层和偶数层分别显示为上弦层和下弦层的颜色，杆件同样分为 0、1、2～n 层，并将其分为上弦、下弦和腹杆。对于常用的双层平板、球壳和筒壳，程序可以自动分层（图 1.4-7）。一般首先确定节点分层，而后确定杆件分层，也可以同时进行。

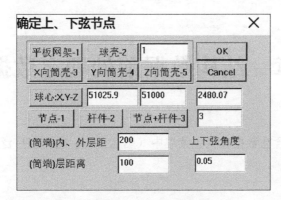

图 1.4-7　结构分层

第2章 结构数据前处理之数据输入

本章内容主要包含在数据输入主菜单中（图 2.0-1），也可以广泛地称之为前处理。主要内容包括：

（1）信息处理；

（2）结构布置；

（3）节点处理；

（4）确定项目构件；

（5）确定配件；

（6）处理荷载；

（7）确定支托倾角。

图 2.0-1 数据输入

2.1 信 息 处 理

信息处理包含结构的整体信息输入以及其他的功能（图 2.1-1），现就几项常用的功能解释如下。

（1）指定节点号、指定杆件号

一般用来指定 1 号节点和 1 号杆件起始号，用于调整起始位置。

（2）节点排列

运行该项目，程序自动排列节点号、杆件号，将相互有关联的杆件和节点编号尽量靠近，减小总体方程求解时的半带宽，从而加快方程求解速度。运行该项自动将杆件截面、节点大小和支座约束信息进行互换，但是，加载以后尽量不要运行该功能，以免荷载与节

图 2.1-1　信息处理

点的对应出错，结构改变后荷载的对应处理将在加载功能里加以说明。

（3）搜索病态结构

运行该项目将弹出如图 2.1-2 所示的对话框。

可以看出，该功能实则是一种对结构的查错功能，对于建模阶段产生的结构性错误予以调整。对于本软件的正确建模上述错误是可以避免的，但是，在读取其他软件的模型数据时，建议首先运行该菜单，以免产生一些结构方面的逻辑错误。

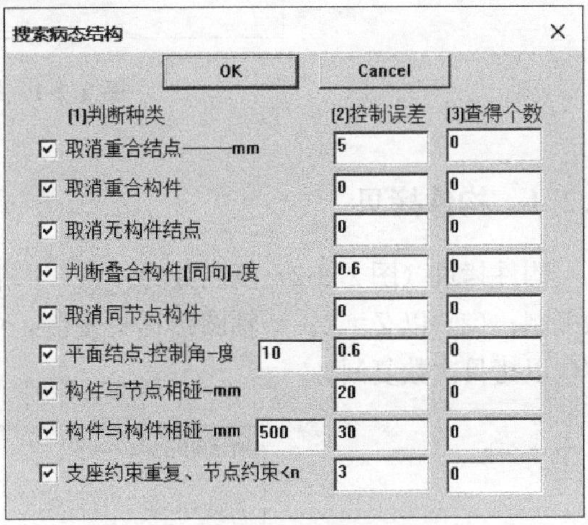

需要着重解释的是平面节点：指所有构件在一个平面内，方程求解时，在平面外会产生无穷大位移，在电力行业塔架当中，平面节点是合法的，但是，线性方程求解需要特殊处理。该项查错功能对于缺乏网架设计经验的人员会有所帮助。

图 2.1-2　搜索病态结构

（4）按坐标位置读取结构数据

该项（图 2.1-3）用来配合进行结构修改，当结构施工图已出完，并且加工完成以后需要进行局部修改，并进行结构验算从而满足受力要求，这时就需要读入未产生变动结构的相关数据，包括：杆件截面、节点大小、螺栓、套筒配件，下一步进行结构验算，验算后通过：施工图处理→结构归并→结构归并［∗∗∗结构改变］搜索出加固以后的构件材料表并绘制施工图。

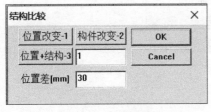

图 2.1-3　读取数据

2.2 结 构 布 置

结构布置（图 2.2-1）是对 1.4.2 生成新项目的补充和完善，生成新项目首先形成一个满足基本要求的结构形式，进而通过：直线布置、弧线布置、构件删除等功能的修改，达到所要求的结构形式（涵盖：屋面找坡-找形，节点平移、旋转和缩放）。

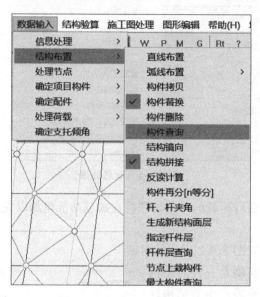

图 2.2-1　结构布置

2.2.1　构件拷贝

构件拷贝（图 2.2-2）复制分为：（1）水平拷贝，以 X、Y、Z 向的相对间距按拷贝次数复制；（2）以 Z、X、Y 轴圆形拷贝复制，中心为（X、Y），复制间距以角度"度"为单位以拷贝次数复制。

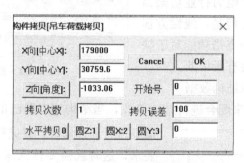

图 2.2-2　构件拷贝

2.2.2　结构镜像

首先选择镜像线的起始点和结束点，然后点取确定所需要镜像的结构构件，如果希望以某一个坐标轴镜像的话，建议激活 F3，以保证光标移动时某一坐标保持一致。

2.2.3　结构拼接

不难理解结构拼接是读取另外一个结构数据合并为一个结构形式并加以存储，需要指出的是图 2.1-3 的位置差［mm］：指两个拼接的结构节点间距小于该间距时自动归并为同一个节点，这一功能在结构建模阶段比较方便，例如：筒壳的山墙和筒壳圆柱体的连接可以自动实现节点的归并（图 2.2-3）

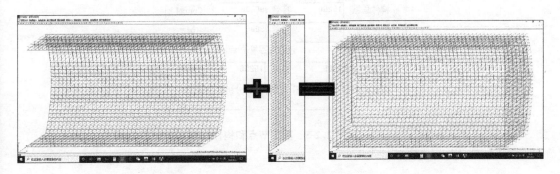

图 2.2-3　结构拼接

2.2.4　反读计算、构件再分［n 等分］、杆杆夹角

反读计算-用于读取"wj 计算文件 . txt"，由计算文件建立起计算模型。杆杆夹角-配合节点设计，用于查询任意杆件之间的夹角，在"处理节点→节点最小夹角"菜单项还可以查询某一个节点上最小夹角杆件，从而在满足结构静定的条件下删除某根杆件，达到减小节点球直径的目的。

2.2.5　生成新构件面层

依据某一层（搜索层［n］）生成一个新的结构层：节点层（新节点［n＝10］）、构件层（新构件［m＝10］），离开厚度（层厚［h＝2000］），并自动生成腹杆构件（图 2.2-4）。

2.2.6　节点上载构件

该项内容是与小支托布置（数据输入→处理节点→附加支托）相关联，由于螺栓球网架的球节点一般是 45 号钢，与普通 Q235 钢焊接需要 150℃的温度下进行，现场很难做到，因此一般在螺栓球上不进行现场焊接作业，所有的结构外加荷载是通过预留螺栓孔，通过螺栓连接实现与其

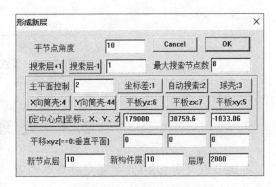

图 2.2-4　生成新结构面层

他结构或外荷载的施加，这一过程在网架设计中通过施加小支托实现，一般常规结构（平板、球壳、筒壳）通过施加垂直于屋面的小支托实现（垂直线的确定在小支托施加中详细说明），当结构形状更加复杂时我们采用节点上栽种构件的方式实现，运行这一功能必须在结构模型确定后进行，并且锁定构件和节点数量（图形编辑→容量查询与修改-固定节点）（图 2.2-5），使得所栽种的构件不参与结构计算，仅仅用于施加螺栓孔（图 2.2-6）。

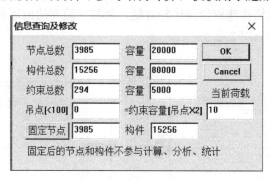

图 2.2-5　固定节点和构件

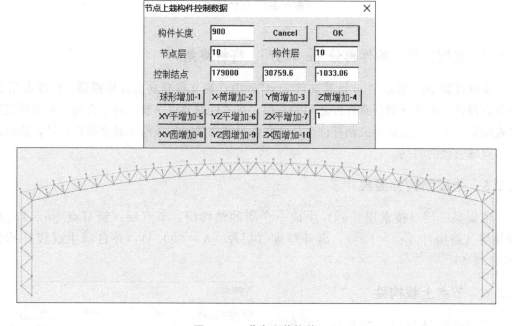

图 2.2-6　节点上栽构件

2.3　处理节点

处理节点（图 2.3-1）主要完成节点约束、附加支托和节点坐标调整等对节点的一些处理功能。

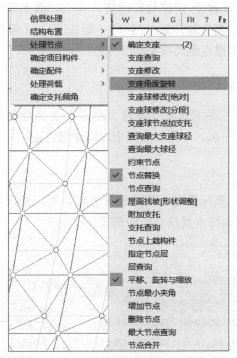

图 2.3-1　处理节点

2.3.1　确定支座、支座查询、支座修改

支座确定对话框如图 2.3-2 所示，这里可以分别对 X、Y、Z 方向的位移自由度（1、2、3）和转角自由度（4、5、6）施加 1-弹性支座、2-支座位移和 3-固定支座（支座位移＝0）。自由度 7：指同时施加 X、Y、Z 向的位移约束，8：指同时施加 X、Y 向的位移约束。支座删除通过"-"号实现。

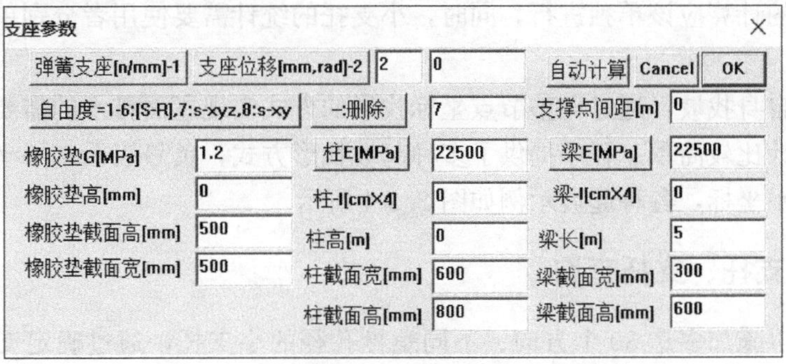

图 2.3-2　支座确定

弹性支座刚度单位：N/mm，刚度大小一般依据下部结构的刚度给定，程序同时可以自动计算三种结构的刚度大小或者三种或两种刚度的叠加刚度（柔度相加）大小。其一，橡胶垫刚度可通过参数剪切模量 G＋橡胶垫高度＋截面高和宽确定；其二，悬臂柱刚度可通过参数惯性矩 I（直接给定或通过截面高＋宽自动计算－I＝0）＋柱高［m］＋柱弹性模

量 E [MPa] （可以变换混凝土-钢结构）确定；其三，简支梁刚度可通过参数惯性矩 I （直接给定或通过截面高＋宽自动计算－I＝0）＋梁长 [m]＋梁弹性模量 E[MPa] （可以变换混凝土－钢结构)＋支撑点距离梁端间距 [m] 确定。

2.3.2　支座球修改、支座球附加支托

该项功能主要配合施工图工作将支座球大小进行适当合理的归类，以减少施工图种类，关于支座球附加支托在 2.3.4 附加支托中加以详细论述。

2.3.3　屋面找坡

屋面找坡（图 2.3-3）实际是对结构的找形过程，用以实现不同的屋面坡度形式，自动调整节点坐标。通常屋面排水找坡有两种形式：

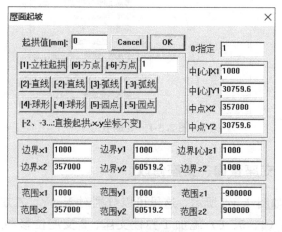

图 2.3-3　屋面找坡

（1）小支托找坡：适用于跨度不大的网架结构，跨度增大会造成小支托增高，从而小支托自身稳定的计算应该单独进行，同时，小支托的统计需要使用者分别单独指定高度后仔细统计。

（2）屋面自身找坡：通过调整节点坐标找形的方式实现屋面排水的需要，小支托高度一致，支托统计比较简单。程序提供了多种起坡找形方式，负号表示水平坐标不变，正号则同时调整水平坐标，各种起坡示例如图 2.3-4 所示。

2.3.4　附加支托、支托查询

本软件可以施加多达 30 个方向、不同螺栓孔径的小支托，通过确定支托倾角（整体坐标系）来定义支托，内容包括：（1）仰角（＋90°～－90°）；（2）水平角（0～360°）；（3）螺栓孔径和螺栓孔；（4）切削面厚度（图 2.3-5）。

需要特殊说明的是：当仰角＝－1、－2 时，默认为垂直于屋面（屋面支托-腹杆相反方向，用于支撑檩条或下弦定位孔）和反垂直于屋面（垂直屋面层-与腹杆方向一致，位于腹杆之间，用于支撑马道等结构）。

屋面形状千变万化，本程序通过矢量叉积的方法获得（在节点设计中实现），程序首

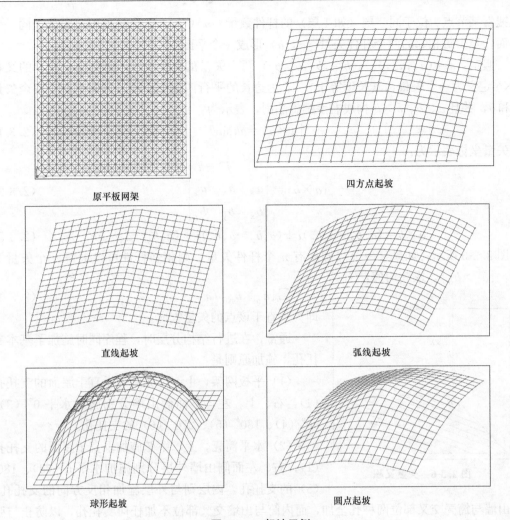

原平板网架　　　　　　　　　四方点起坡

直线起坡　　　　　　　　　弧线起坡

球形起坡　　　　　　　　　圆点起坡

图 2.3-4　起坡示例

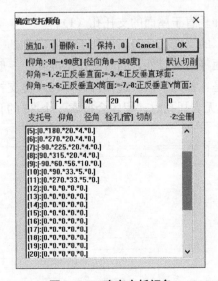

图 2.3-5　确定支托倾角

先搜索某节点 i 位于同一层（如1层）的杆件数量＝n（个），n 个杆件不一定位于同一个平面，至少每相邻的两个杆件矢量（a，b）形成一个平面。

假定：$a=(a_x, a_y, a_z)$，$b=(b_x, b_y, b_z)$ 两个矢量的夹角为 θ，则矢量 a 和 b 的叉积 $a \times b$ 定义为一个矢量，其长度等于 a、b 为边长的平行四边形面积，方向垂直于两个矢量 a 和 b，并且 a、b、$a \times b$ 构成右手螺旋法则，表示为：

$$|a \times b| = ab\sin\theta \tag{2.3-1}$$

用矢量坐标表示为：

$$|a \times b| = \begin{vmatrix} i & j & k \\ a_x & a_y & a_z \\ b_x & b_y & b_z \end{vmatrix} \tag{2.3-2}$$

$$a \times b = (a_y b_z - a_z b_y)i + (a_z b_x - a_x b_z)j + (a_x b_y - a_y b_x)k \tag{2.3-3}$$

如图 2.3-6 所示：如果某一节点同层有 n 个杆件矢量，则相邻杆件可以求得 n 个矢量叉积：$|a_n \times b_n|$，求其均值：

$$\bar{c} = \sum |a_n \times b_n| / n \tag{2.3-4}$$

即为垂直于该点的矢量方向。

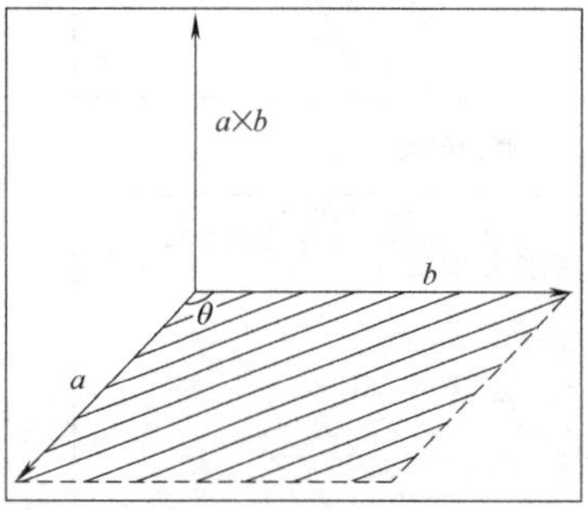

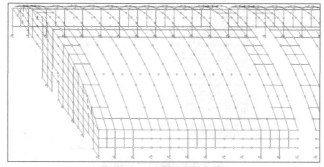

图 2.3-6　矢量叉积

通常，在进行结构分层时，程序同时施加了基本支托孔，施加原则是：

（1）平板网架，上、下弦施加垂直于屋面的支托孔（1），右、上、左、下面侧山墙分别施加水平 0°（3）、90°（4）、180°（5）、270°（6）的支托孔。

（2）水平筒壳，上、下弦施加垂直于屋面的支托孔（1），右、左面侧山墙外层分别施加水平 0°（3）、180°（5）的支托孔，内层则与外层施加相反方向的支托孔，外山墙与筒壳交叉部位两种孔全加，而内筒与山墙交叉部位不加任何支托孔，以防止与弦杆打架。

（3）球壳上、下弦施加垂直于屋面的支托孔（1）。

（4）所有支座施加向下的支托孔（7），以利于支座定位。

支托孔除用作支撑屋面等结构以外，同时兼作基准孔，一般基准孔不进行切削，球加工图中基准孔的确定原则是：首先：依次选择（1）～（8）类支托孔。其次，在遇到筒壳与山墙交叉部位（图 2.3-7）无支托孔时，程序会搜索一个 20 的孔径兼作基准孔，同时标注

图 2.3-7　山墙与内筒交叉

切削厚度。最后，如果没有 20 的螺栓孔径，程序搜索径向和水平向角度的最大角度差，人为地施加一个 20 的螺栓孔作为基准孔。

2.3.5　节点的平移、旋转与缩放

节点的平移、旋转与缩放是用来配合建模所进行的模型修改（图 2.3-8），特别是复杂模型的建模，如图 2.3-9 所示圆经过水平缩放成椭圆。

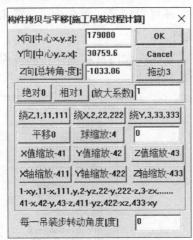

图 2.3-8　平移、旋转与缩放

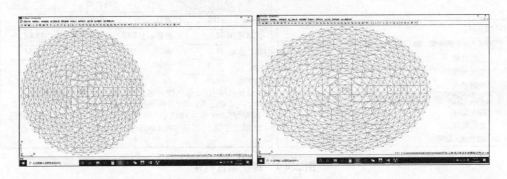

图 2.3-9　圆水平放大 1.3 倍

2.4　确定项目构件和配件

螺栓球网架除涉及钢管和螺栓球以外，还涉及套筒和锥头等配件，就此分构件和配件加以定义。

2.4.1　项目构件

每个厂家都有自己常用的钢管和球节点规格，随着市场供给的变化也可能做适当的修改，用以满足不同用户的需要。程序定义了各种规格构件，就网架结构只用到（6）钢管、（7）螺栓球、（8）焊接球，当前项目构件可以定义或选择 50 种构件（图 2.4-1）。

（6）钢管：只需给出直径（H）和厚度（t1），点击属性计算即可以自动计算钢管的惯性矩、自重等各种截面属性，当然也可以直接输入。

（7）螺栓球（实心球）：只需给出直径（H），点击属性计算即可以自动计算螺栓球自重。

（8）焊接球（空心球）：只需给出直径（H）、壁厚（t1）和加劲肋厚度（t2），点击属性计算即可以自动计算空心球自重。

除上述网架常用构件之外，还可以定义：单角钢-1、双角钢-2、十字角钢-3、槽钢-4、工字钢-5、焊接工字钢-10 等构件。

定义好构件库以后，软件会在构件库内自动选择相同种类的杆件和节点，并进行满足可控制设计条件下的优化设计选择构件。

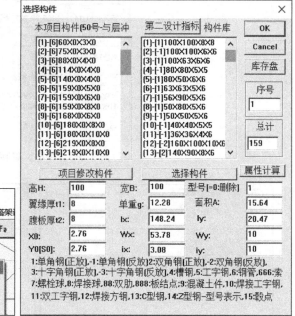

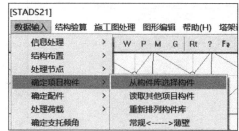

图 2.4-1　维护项目构件

2.4.2　项目配件

除此之外，还需要定义螺栓、套筒和锥头，这些配件一般不进行强度验算，直接交互输入，这些配件的各个参数定义详见图 2.4-2、图 2.4-3。上述配件除按菜单输入和调整之外，在数据文件里分别以如下字符段引导：

"＊＊＊构件数据＊＊＊"和"＊＊＊螺栓锥头数据＊＊＊"，详见附录 3。数据结构如下：

《构件数据》

总数

型号 高度 宽度 翼缘厚 面积 单重 x_0　y_0　I_x　W_x　I_y　i_x 腹板厚 W_y　i_y

《螺栓与套筒数据》

N1：螺栓套筒控制项（以下为行顺序，行不足 N1 项时用"0"补齐）

A1：螺栓规格，共 N1 项

A2：螺栓净面积，共 N1 项

A3：螺栓头直径，共 N1 项

A4：螺栓头厚，共 N1 项

A5：螺钉规格，共 N1 项

A6：套筒规格，共 N1 项

A7：套筒对应螺栓

A8：螺栓对应的最小球径

A9：螺栓对应球切销厚

A10：紧钉圆柱端直径 * 10，共 N1 项

A11：螺栓滑槽宽 * 10，共 N1 项

A12：螺栓滑槽深 * 10，共 N1 项

A13：螺栓滑槽孔深 * 10，共 N1 项

A14：紧钉开槽宽 * 10，共 N1 项

A15：紧钉开槽深 * 10，共 N1 项

A16：钢管外径，共 N1 项

A17：压杆件对应的构造螺栓

A18：拉杆件对应的构造套筒

A19：杆件对应的最小球径

A20：螺栓杆长

A21：套筒杆长

A22：螺栓螺纹长

A23：螺栓滑槽长度

A24：螺栓椭圆孔长度 X10

A25：套筒孔距离端部长

《封板与锥头数据》

N2：锥头数＋封板数（以下为列顺序，行不足 N2 项时用"0"补齐）

B1：锥头（封板）对应杆径

B2：锥头（封板）对应杆壁厚

B3：锥头（封板）对应螺栓

B4：锥头（封板）对应套筒

B5：锥头长（封板＝0）

B6：锥头底外径（封板＝B1）

B7：锥头底内径（封板＝0）

B8：锥头（封板）底厚

B9：锥头平直部分外缘长（封板＝－8）

B10：锥头平直部分内缘长（封板＝0）

B11：锥头切削厚

B12：锥头剖口焊接角度

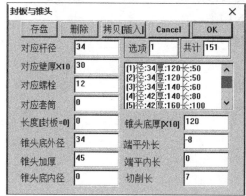

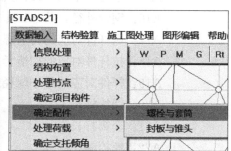

图 2.4-2 螺栓、套筒与锥头

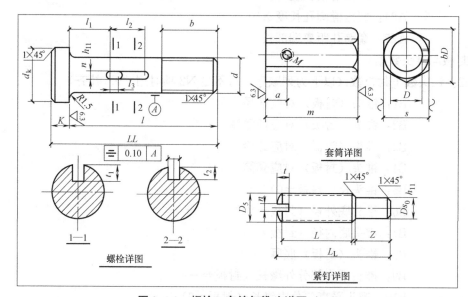

图 2.4-3 螺栓、套筒与锥头详图（一）

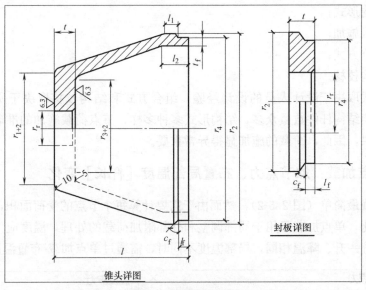

图 2.4-3 螺栓、套筒与锥头详图（二）

2.5 处 理 荷 载

众所周知：网架的全部荷载只允许作用在节点上，荷载大小直接影响着计算结果（图2.5-1），原则上来说，荷载相同的情况下大家计算结果是相同的。决定结构设计优劣的关键之处在于：

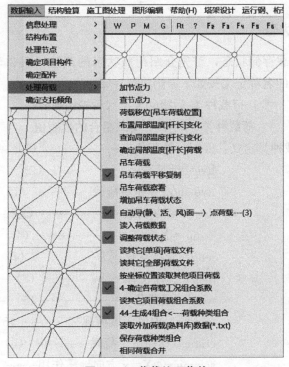

图 2.5-1 荷载处理菜单

（1）结构形式；

（2）荷载施加；

（3）组合方式；

（4）结构校核。

结构形式取决于设计人员的设计经验，组合方式和结构校核取决于所采用的规范标准，由于网架结构杆件数量众多，结构形式多种多样，节点荷载施加的准确与否直接影响结构设计结果，因此，荷载的施加显得异常重要。

2.5.1 单点加载：加节点力、布置局部温度［杆长］变化

单点加载最简单（图 2.5-2），然而由于需要计算每个节点的受荷面积，因此也很难做到精确，因此，单点加载只用于局部调整和外部附加荷载的处理，温度应力作为一种荷载状态默认为统一升、降温相同，局部温度不同时，需通过单点加载-布置温度应力来实现。

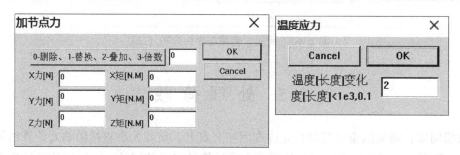

图 2.5-2 单点加载

2.5.2 调整荷载状态

为了解本软件荷载存储状态，首先介绍荷载状态的调整（图 2.5-3）。为方便荷载组合，本软件荷载状态的名称定义按如下原则执行：

荷载种类-后缀@大小（后缀说明）

荷载种类——————荷载组合的代表值

荷载种类定义：dead＝静荷载————————（1）——D

live＝活荷载————————（2）——L

live-snow＝积雪荷载————（12）——Sn

dust＝积灰荷载——————（3）——Du

temp＝温度应力——————（4）——T

leng＝长度变化应力————（7）——Le

disp＝支座位移——————（8）——Di

wind＝风荷载———————（5）——W

windin＝内风压风荷载———（5）——W-i

crane＝移动吊车荷载———（6）——C

seismicx@X＝x 方向地震作用———（9）——Sx

seismicy@X＝y 方向地震作用———（10）——Sy

seismicz@Z＝z 方向地震作用———（11）——Sz

中间荷载状态可以进行新增荷载、删除、装入、覆盖、叠加等操作，地震作用总是默认施加于最后三种工况。

图 2.5-3　荷载状态调整

2.5.3　吊车荷载平移复制

吊车移动荷载在网架中每移动一个网格就增加一种工况，首先布置好吊车轮压，然后通过平移复制（图 2.5-4）自动增加吊车工况，方便了荷载处理。

2.5.4　自动导（静、活、风）面→点荷载

自动导荷载：指根据荷载规范和结构形式、面荷载的大小和节点承受荷载面积，计算出节点荷载的大小和方向施加于节点（图 2.5-5）。方便、快捷的加载方式可以加快设计进程。

本加载模块可以同时施加静、活、积灰、雪、温度应力、风荷载，体型系数项次与《建筑结构荷载规范》GB 50009—2012 表 7.3.1 中的排序一致，除此之外，还提供了给定体型系数方向的加载方式-定体、定向：0 来实现，需要指定搜索层（节点层）来确定加载搜索层，垂直面的确定与方法（2.3.4 节）相同。

本加载模块对于：

（1）坡形屋面（1、2）、筒壳结构（3、4）可以一次加载四个方向的风荷载（0°，90°，180°，270°）。

（2）球体结构（35）采用空间加载方式，每隔一定角度（默认 30°）加载一次。

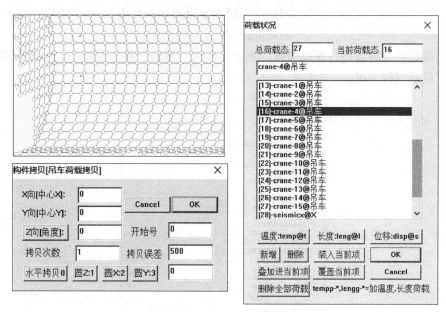

图 2.5-4 吊车荷载复制平移

图 2.5-5 自动导荷载

（3）静荷载：按展开面积计算。

（4）活荷载和雪荷载：按投影面积计算。

（5）积灰荷载：按投影面积计算，仅考虑屋面坡度 $\alpha \leqslant 25°$；当 $\alpha \geqslant 45°$ 时，可不考虑积灰荷载；当 $25° < \alpha < 45°$ 时，按插值法取值。

承载面积取相邻范围形心连线所包围的面积（图 2.5-6）。

对于风荷载各国规范规定不尽相同，大致可以通过不同的（1）场地种类、（2）高度系数、（3）体型系数来确定，本模块可以提供：中标（GB）、欧标（EN）、美标（ASCE）、俄标（SNIP）、埃及规范（EGYP）、南非（SANS）、阿尔及利亚（同 EN）加载方式。以下仅对

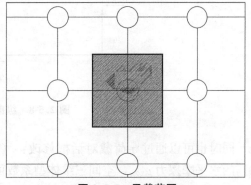

图 2.5-6　承载范围

中标（GB）、美标（ASCE）、欧标（EN）加以比较说明，其他风压计算详见相关国家的规范。

2.5.4.1　国家标准 GB 50009—2012 风压计算

基本风压计算：

$$w_k = \beta_z \mu_s \mu_z w_0 \tag{2.5-1}$$

式中　w_k——风荷载标准值（N/m^2）；

　　　　β_z——高度 z 处的风振系数，参照 7.4 节由脉动增大系数 ξ、脉动影响系数 γ 和振型系数 φ_z 计算确定；

　　　　μ_s——风荷载体型系数，程序按荷载规范表 7.3.1 选择确定；

　　　　μ_z——风压高度变化系数，程序按荷载规范表 7.2.1 确定，见附录 1；

　　　　w_0——基本风压（kN/m^2），用户参照表 D.4 输入基本风压；

对于坡屋顶和筒壳三维体型系数取值如下（参照欧标）：

（1）横向风压体型系数见图 2.5-7。

（2）纵向风压体型系数见图 2.5-8。

图 2.5-7　横向风—山墙体型系数

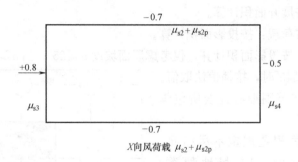

$$X向风荷载 \quad \mu_{s2} + \mu_{s2p}$$

图 2.5-8 纵向风—体型系数

同时也可以通过导荷载对话框修改：（图 2.5-9），按荷载规范考虑：纵向风会引起 10% 的水平摩擦力 μ_{s2p}，空间三维体型系数可以在对话框（图 2.5-9）中参照图 2.5-7 和图 2.5-8 进行修改。

$$\mu_{s1} \quad\quad \mu_{s2} \quad\quad \mu_{s2p} \quad\quad \mu_{s3} \quad\quad \mu_{s4}$$

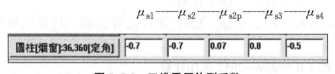

图 2.5-9 三维风压体型系数

计算流程如图 2.5-10 所示。

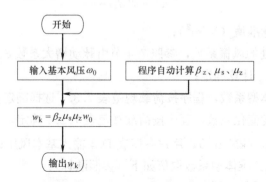

图 2.5-10 荷载规范风荷载计算框图

2.5.4.2 美标（ASCE 7-10）风压计算

基本风压参照美标 ASCE 7-10 第 27 章执行计算：

$$q_z = 0.00256 K_z K_{zt} K_d V^2 \,(\text{lb/ft}^2)$$

国际标准中：
$$q_z = 0.613 K_z K_{zt} K_d V^2 \,(\text{N/m}^2) \tag{2.5-2}$$

式中 K_d——风向系数，见 ASCE/SEI7-10 第 26.6 节；

K_z——风压高度系数，见 ASCE/SEI7-10 第 27.3.1 节；

K_{zt}——地形系数，见 ASCE/SEI7-10 第 26.8.2 节；

V——基本风速，见 ASCE/SEI7-10 第 26.5 节；

q_z——高度为 z 处的风压，采用 ASCE/SEI7-10 中公式（27.3-1）计算；

q_h——平均屋顶高度 h 处的风压，采用 ASCE/SEI7-10 中公式（27.3-1）计算。

关于式中大气质量系数 0.00256，设计时如有可靠气候数据，则采用具体数据计算得到的数值系数，如果没有则采用 0.00256（国际标准中采用 0.613）。

$$p = qGC_p - q_i GC_{pi} \tag{2.5-3}$$

式中　q——地面以上 z 高度处迎风面墙的风压采用 q_z；

地面以上 h 高度处背风面墙的风压采用 q_h；

q_i——迎风墙、侧墙、背风墙、封闭建筑屋顶以及计算半封闭建筑负内风压采用 q_h；

半封闭建筑正内风压计算采用 q_z，其中 z 为影响正内风压的最高开敞高度；

强风区域的建筑，如果天窗不具备抗风能力，则按 26.10.3 节当作开敞处理。

正内风压的计算，可以保守认为 $q_i = q_h$；

G——风振系数，见 ASCE/SEI 7-10 第 26.9 节；

C_p——外风压系数，见 ASCE/SEI 7-10 图 27.4-1、图 27.4-2 及图 27.4-3；

(GC_i)——内风压系数，见 ASCE/SEI 7-10 表 26.11-1。

采用 26.7.3 节定义的场地类别计算 q 和 q_i，风压应按图 27.4-1、图 27.4-2 及图 27.4-3 定义同时作用于迎风面、背风面以及屋顶。

1. 场地类别定义

场地类别按照 ASCE7-10 26.7.3 节定义执行如下：

场地类别 B：对于屋面平均高度小于等于 30ft（9.1m）的建筑物，地面粗糙度类别为 B 且迎风方向区域大于 1500ft（457m），场地类别应采用 B 类。对于平均屋面高度大于 30ft（9.1m）的建筑物，地面粗糙度类别为 B 且迎风方向区域大于 2600ft（792m）或建筑物高度的 20 倍以上，则场地类型采用 B 类。

场地类别 C：除了 B 类和 D 类以外的所有情况。

场地类别 D：地面粗糙度类别为 D 且迎风方向区域大于 5000ft（1524m）或建筑物高度的 20 倍以上，场地类别应采用 D 类。场地迎风面的地面粗糙度类别是 B 类或者是 C 类，且场地范围在 600ft（183m）或者是建筑高度的 20 倍以内，此时场地类别也可以采用 D 类。

位于不同场地类别之间的过渡地带，应使用能产生最大的风荷载的类别。

例外：处于过渡地带的场地，如果有可信文献说明，允许采用之前介绍的类别中的中间场地类别。

2. 高度系数取值

高度系数取值如表 2.5-1（ASCE 7-10 表 27.3-1）所示。

3. 内风压系数取值

内风压系数取值如表 2.5-2（ASCE 7-10 表 26.11-1）所示。

4. ASCE 7-10 风压计算流程和框图

计算流程：

第一步，确定建筑或其他结构的风险级别，见 ASCE/SEI 7-10 表 1.4-1。

第二步，确定基本风速 V，根据风险级别由 ASCE/SEI 7-10 图 26.5-1A、B 或 C 确定。

高度系数取值				表 2.5-1
主要抗风体系-第一部分				所有高度
风压高度系数, K_h 和 K_z				
表 27.3-1				
离地面或海平面高度, z		场地类别		
ft	m	B	C	D
0~15	(0~4.7)	0.57	0.85	1.03
20	(6.1)	0.62	0.90	1.08
25	(7.6)	0.66	0.94	1.12
30	(9.1)	0.70	0.98	1.16
40	(12.2)	0.76	1.04	1.22
50	(15.2)	0.81	1.09	1.27
60	(18)	0.85	1.13	1.31
70	(21.3)	0.89	1.17	1.34
80	(24.4)	0.93	1.21	1.37
90	(27.4)	0.96	1.24	1.40
100	(30.5)	0.99	1.26	1.43
120	(36.6)	1.04	1.31	1.48
140	(42.7)	1.09	1.36	1.52
160	(48.8)	1.13	1.39	1.55
180	(54.9)	1.16	1.43	1.58
200	(61.0)	1.20	1.46	1.61
250	(76.2)	1.28	1.53	1.68
300	(91.4)	1.35	1.59	1.73
350	(106.7)	1.41	1.64	1.78
400	(121.9)	1.47	1.69	1.82
450	(137.2)	1.52	1.73	1.86
500	(152.4)	1.56	1.77	1.89

注：1. 风压高度系数由下式确定：

当 $z<15\text{ft}$ （4.7m） 时，$K_z=2.01(15/Z_g)^{2/\alpha}$；

当 15ft （4.7m） $<z<Z_g$ 时，$K_z=2.01(z/Z_g)^{2/\alpha}$；

2. α 和 Z_g 值见 ASCE 7-10 表 26.9.1；

3. 其余 z 高度的风压高度系数可以通过线性插值取值；

4. 场地类别见 ASCE 7-10 26.7 节。

内风压系数取值

表 2.5-2

主要抗风体系的构件及其连接		所有高度
表 26.11-1	内风压系数，(GC_{pi})	围护与屋面
封闭、半封闭的和开敞式建筑		
围护类型	GC_{pi}	
开敞式	0.00	
半封闭	$+0.55$ -0.55	
全封闭	$+0.88$ -0.88	

注：1. 正号和负号分别表示压力指向和背离内表面。

　　2. (GC_{pi}) 的值应与规定的 g_z 或 g 值一起使用。

　　3. 应考虑以下两种情况，确定适当条件下的临界载荷要求：

① 作用于所有内表面的 (GC_{pi}) 值为正值；

② 作用于所有内表面的 (GC_{pi}) 值为负值。

第三步，确定风荷载参数：

风向系数 K_d，见 ASCE/SEI 7-10 第 26.6 节及 ASCE/SEI 7-10 表 26.6-1；

场地类别，见 ASCE/SEI 7-10 第 26.7 节；

地形系数 K_{zt}，见 ASCE/SEI 7-10 第 26.8 节及表 26.8-1；

风阵系数 G，见 ASCE/SEI 7-10 第 26.9 节；

围护类型，见 ASCE/SEI 7-10 第 26.10 节；

内部压力系数 GC_{pi}，见 ASCE/SEI 7-10 第 26.11 节和表 26.11-1。

第四步，确定风压高度变化系数 K_z 或 K，见 ASCE/SEI 7-10 表 27.3-1。

第五步，确定风压 q_z 或 q，见 ASCE/SEI 7-10 公式（27.3-1）。

第六步，确定外风压系数 C_p 或 C_N，见 ASCE/SEI 7-10：

图 27.4-1 适用于外墙和平屋顶，山墙，四坡屋顶，单坡屋顶或折线形屋顶。

图 27.4-2 适用于圆顶屋顶。

图 27.4-3 适用于拱形屋顶。

图 27.4-4 适用于单坡屋顶或是开敞式建筑。

图 27.4-5 适用于坡屋顶或是开敞式建筑。

图 27.4-6 适用于槽形屋顶或是开敞式建筑。

图 27.4-7 适用于单坡屋顶、坡屋面、槽形屋顶或是开敞式建筑的屋面风载工况。

第七步计算建筑物各个面上的风压 p：

对于刚性建筑物由公式（27.4-1）确定；

对于柔性建筑物由公式（27.4-2）确定；

对于开敞建筑物由公式（27.4-3）确定。

STADS 软件实现美标 ASCE 7-10 风压程序流程如图 2.5-11 所示。

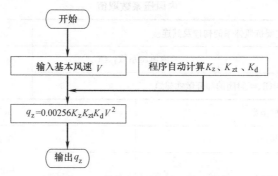

图 2.5-11　美标 ASCE 7-10 风压计算

2.5.4.3　欧标（EN 1991-1-4）风压计算

基本风压计算流程如下：

（1）按照表 2.5-3（EN 1991-1-4 表 4.1）将场地分为：0、Ⅰ、Ⅱ、Ⅲ、Ⅳ共五类。

场地类别及其参数　　　　　　　　　　　　　　　　　　　　　　表 2.5-3

场地类别		z_0(m)	z_{min}(m)
0	沿海地区	0.003	1
Ⅰ	湖区或者是无障碍物且植被影响可忽略的平原地带	0.01	1
Ⅱ	障碍物间距为其高度的 20 倍以上和低矮植被（如草地）的地区	0.05	2
Ⅲ	该地区有常规植被,建筑或者障碍物最大间距小于其高度的 20 倍（比如村落,郊区和林区）	0.3	5
Ⅳ	该地区建筑覆盖率达 15% 以上且建筑平均高度超过 15m	1.0	10

场地类别见附录 A.1

（2）按照 EN 1991-1-4 4.1 条式（4.1）［式（2.5-4）］确定基本风速 V_b

$$V_b = C_{dir} \cdot C_{season} \cdot V_{b,0} \tag{2.5-4}$$

式中　$V_{b,0}$——基本风速的代表值定义为 10m 高 10min 内的平均风速。

（3）按照 EN 1991-1-4 7.2.2（1）节图 7.4（图 2.5-12）确定参考高度 Z_e，并分为如下三种情况确定参考高度：

矩形平面建筑迎风墙的参考高度 z_e 与建筑高宽比 h/b 有关，且总是取各片墙中最高墙的高度。图 7.4 针对下面三种情况给出了参考高度的取值：

① 高宽比小于 1 的建筑应按整体考虑；

② 高宽比大于 1 且小于 2 分两段考虑，第一段由建筑地面到等宽的高度，其余为第二部分；

③ 高宽比大于 2 的应分成多段考虑，第一段由建筑地面到等宽的高度，第二段由建筑顶面到等宽的高度，中间部分按图 7.4 以间距 h_{strip} 划分。

注：对背风墙及侧墙风压的规定见国家规范或是具体项目的规定。一般建议以参考高度作为建筑的高度。

（4）确定基本风压 q_b

$$q_b = \frac{1}{2} \rho v_b^2 \tag{2.5-5}$$

（5）按照图 2.5-13 确定高度系数 $C_e(z)$，进而计算出极值风速风压 $q_p(z)$。

$$q_p(z) = C_e(z)q_b \tag{2.5-6}$$

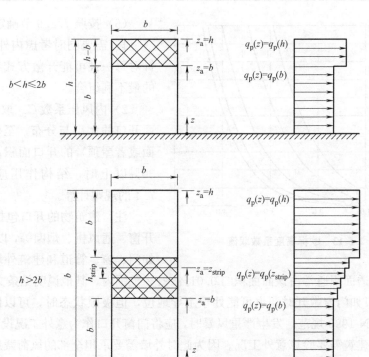

注：假定风压均匀分布

图 2.5-12　参考高度取值

将图 2.5-13 高度系数确定图整理成高度系数数据库如表 2.5-4 所示。

表 2.5-4

高度系数计算表

H(m)	0	I	II	III	IV
0.00	1.80	1.50	1.40	1.30	1.10
5.00	2.50	2.30	1.80	1.30	1.10
10.00	2.90	2.70	2.30	1.70	1.10
15.00	3.20	3.00	2.50	2.00	1.40
20.00	3.40	3.20	2.70	2.20	1.60
30.00	3.60	3.40	3.10	2.50	1.90
40.00	3.80	3.60	3.30	2.60	2.20
50.00	3.95	3.80	3.45	2.90	2.40

H(m)	0	I	II	III	IV
60.00	4.05	3.95	3.60	3.05	2.45
70.00	4.20	4.03	3.75	3.20	2.75
80.00	4.40	4.15	3.85	3.40	2.85
90.00	4.45	4.35	3.95	3.45	2.90
100.00	4.50	4.40	4.00	3.50	2.95

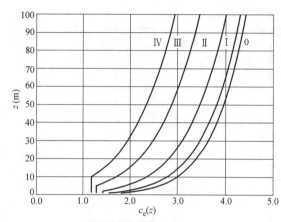

图 2.5-13 欧标高度系数取值

（6）按照 7.2.9 节确定内风压。

1）需要同时考虑内外风压的作用，针对每一种可能开敞方式考虑内外风压的最不利组合。

2）内风压系数 C_{pi} 取决于建筑外立面开口的大小与分布，至少有两侧（立面或者屋顶）的开口面积占该侧面积的 30% 以上时，结构作用应采用 7.3 和 7.4 的规则计算。

注：建筑物的开口包括小开口，如：开窗、通风机、烟囱等，以及墙面渗透，如门、窗、管道和建筑外墙周围的气流渗透。墙面渗透面积通常占该面面积的 0.01%～1% 范围内。其他说明见条文说明。

3）外开口如门窗敞开时，也可能处于主导地位，但极限状态时，可以假定门窗是闭合的。根据 EN 1990 规范，发生严重风暴时，应将门窗开口作为意外工况设计。

注：高层建筑需要验算意外工况。因为此时外墙需要承担全部的风荷载压力。

4）当建筑的某个面开口面积占总开口面积的两倍以上时，则该方向为控制方向，其余方向考虑渗漏。

注：这也适用于建筑内部的单体建筑。

5）当建筑存在控制面时，控制面开口处内风压可以视作是外风压的一部分，其值按式（7.2）［式（2.5-7）］和式（7.3）［式（2.5-8）］计算。

当控制面的开口面积是其余面开口面积总和的 2 倍时：

$$C_{pi}=0.75C_{pe} \tag{2.5-7}$$

当控制面的开口面积是其余面开口面积总和的 3 倍时：

$$C_{pi}=0.90C_{pe} \tag{2.5-8}$$

式中　C_{pe}——控制面开口处外风压系数。当开口处的外风压均不同时，采用面积加权平均值 C_{pe}。

当控制面的开口面积是其余面开口面积总和的 2～3 倍时，采用线性插值办法计算 C_{pi}。

6）对于没有控制面的建筑物，内部压力系数 C_{pi} 由图 7.13（图 2.5-14）确定，该系数与建筑高宽比、每个风向的开口率有关。开口率采用表达式（7.4）［式（2.5-9）］计算。

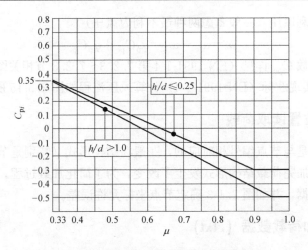

图 2.5-14　均匀分布开口的内部压力系数 C_{pi}

$$\mu = \frac{\sum C_{pi} \text{ 为风吸力的开口面积}}{\sum \text{所有开口面积}} \qquad (2.5\text{-}9)$$

注：1. 这适用于含或不含内部分区的建筑物外立面和屋顶。

　　　2. 当 μ 无法计算时，C_{pi} 在 0.2 和 -0.3 之间取值。

7）由于开口的存在，才使得外风压作用下产生内风压，因此计算内风压的参考高度应该和外风压的参考高度一致。如果有很多开口，则 Z_i 取 Z_e 的最大值。

8）筒仓和烟囱的内压力系数采用式（7.5）［式（2.5-10）］取值：

$$C_{pi} = -0.6 \qquad (2.5\text{-}10)$$

小开口通风罐内压系数采用表达式（7.6）［式（2.5-11）］取值：

$$C_{pi} = -0.4 \qquad (2.5\text{-}11)$$

参考高度 Z_i 取构筑物的高度。

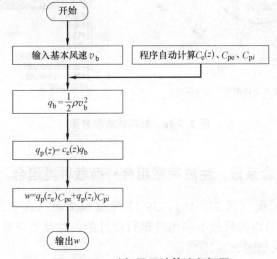

图 2.5-15　欧标风压计算流程框图

（7）计算最不利风压（一般考虑两种最不利内风压）

$$w=w_e+w_i=q_p C_{pe}+q_p C_{pi} \tag{2.5-12}$$

注：外风压系数 C_{pe} 详见（EN 1991-1-4 第 7.2.3～7.2.8 节相关图形）。

STADS 软件实现欧标（EN 1991-1-4）计算风压流程如图 2.5-15 所示。

2.5.5 按坐标位置读取荷载

由于所有荷载是与节点编号相对应的，一般在结构形式（特别是节点编号）确定以后再施加荷载，有时加完荷载结构形式发生了改变，为了简化加载过程，这时候就需要按坐标位置读入荷载数据，并如图 2.1-3 确定节点坐标允许误差。

2.5.6 读取外加荷载数据（.txt）

有时，施加其他特殊荷载时，荷载方向与总体坐标方向不一致（主要读入 PKPM 计算结果-柱内力，如图 2.5-16 所示），我们只需要在数据文件（＊.txt）前填写如下数据，程序就可以对号入座读入柱子内力作为荷载数据（图 2.5-17）。

（1）节点个数 n、荷载放大系数（用于单位换算）。

（2）N 行数据：

对应节点号、局部坐标 x 轴与总体坐标 X 轴的夹角。

计算结果数据示例如下。

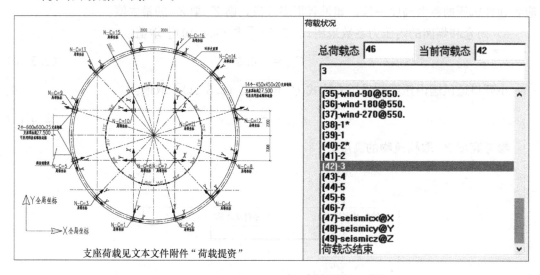

图 2.5-16 外部荷载示意图

2.5.7 荷载工况组合系数、生成荷载组合←荷载种类组合

对于确定的荷载工况（图 2.5-18），共 17 种荷载工况（含 X、Y、Z 地震工况-15、16、17），结构设计总是以荷载最不利组合进行设计的，这就要求将荷载工况按不同的规范要求进行荷载组合成如图 2.5-19 所示。

荷载组合是一项比较复杂的工作，为了不遗漏任何一种组合，本程序中只要定义好荷

图 2.5-17　PKPM 荷载格式

图 2.5-18　荷载工况

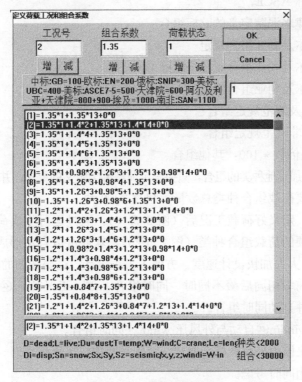

图 2.5-19　荷载组合调整

载工况，荷载组合自动进行，这就需要程序能够分清荷载种类，为此：需要定义荷载工况的前缀名称和后缀名称，程序总是以：荷载种类@大小的方式来定义荷载工况，前缀名（@以前）表示种类，后缀名（@以后）表示大小或者区分同种荷载的不同工况，荷载种类定义详见 2.5.2 节的名称定义，用户自己定义荷载时也需要满足上述定义，以防止荷载组合出现混乱。

由于每一个工程的荷载工况是不同的，因此，要想获得最不利组合结果，就需要根据结构荷载工况的变化调整荷载组合（图 2.5-19），这一过程比较烦琐，并且还容易遗漏某一种组合，特别是风荷载工况，由于来风风向角度的变化，风荷载工况是不定的，特别是对于球壳，本程序可以任意规定风向角度间隔，为简化任意组工况的荷载组合，本软件提供了一种自动组合功能-生成荷载组合←荷载种类组合。这也就是在 2.5.2 节对荷载工况名称进行规定的原因。

本软件首先对荷载种类进行了 2.5.2 节的名称规定，并定义了如附录 2 的荷载种类组合，当然使用者可以进行增、减、修改等工作，在附录二中定义了多种规范和规定的荷载种类组合方式，其分界以 100 * 100、200 * 100 等进行分解标识，荷载种类代表值详见 2.5.2，荷载种类组合分界如下：

100 * 100：中标 GB

200 * 100：欧标 EN

300 * 100：俄标 SNIP

400 * 100：美标 UBC

500 * 100：美标 ASCE7

600 * 100：天津水泥院定义的欧标组合

700 * 100：阿尔及利亚组合规定

800 * 100：阿尔及利亚组合规定＋欧标 EN

900 * 100：阿尔及利亚组合规定＋天津水泥院组合规定

1000 * 100：埃及规范规定组合

1100 * 100：南非规范规定组合

1200 * 100-100 倍数 * 100：其他组合

使用者还可以增加其他种类的组合，只要满足荷载种类定义的要求，并以：1300--? * 100 进行分界即可以，只要荷载组合种类总数量不超过 2000 种。

在加载完成后，定义好荷载工况后（图 2.5-18），通过运行生成荷载组合←荷载种类组合，并选择所需要的荷载组合种类（图 2.5-20），软件可以自动形成针对该项目的荷载组合（图 2.5-19），大大加快设计速度，方便了工程设计。需要强调的两点：

（1）荷载工况前缀相同后缀不同时，同时组合，如：工况 dead@-150 和工况 dead@ 悬挂，两个工况软件自动同时组合。

（2）内风压：windin@自动与外风压 wind-* 同时组合。

上述两点也满足国内外荷载组合要求，特别是考虑内风压作用时，无论欧标和美标都规定内、外风压作用同时考虑。

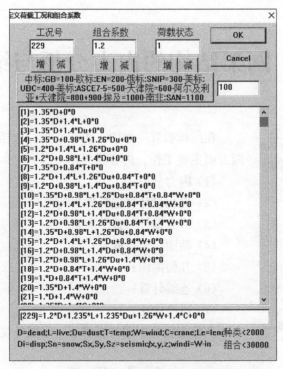

图 2.5-20 荷载种类组合调整

2.6 确定支托倾角

螺栓球节点的檩条是焊接在支托板上的，而支托板通过预留螺栓孔，如图 2.3-5 所示，在 2.3.4 节当中执行支托的施加、修改和删除功能，该菜单则用来定义最多 30 种支托，该菜单提供了定义支托孔方向的功能，并可以在此修改支托的水平角度和倾角，水平角（径向角）和竖向角（仰角）皆是以整体坐标来定义的，水平角以 X 轴为 0°，0～360°之间定义，竖向角以 XY 平面为 0°，在−90°～+90°之间定义。

第3章 网架结构的内力分析与结构验算

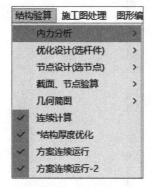

图 3.0-1 结构验算

在结构验算一章中（图 3.0-1），包括内力分析和结构验算两方面主要工作，内容涵盖：

(1) 内力分析；

(2) 优化设计（选杆件）；

(3) 节点设计（选节点）；

(4) 截面、节点验算；

(5) 几何简图；

(6) 连续计算；

(7) 厚度优化。

在结构验算中同时提供了一些国外规范的验算。

3.1 内 力 分 析

内力分析阶段（图 3.1-1）分为：计算文件、杆元（梁元）计算、荷载工况组合 3 步，同时也可以通过连续计算一次性完成上述三部分工作。计算文件控制对话框（图 3.1-1）可以控制输出记录信息，需要说明的是：

(1) 程序默认统计自重（0）并将自重（含杆件节点中心长度和球节点自重）加入第一种荷载工况静荷载之中。

(2) 由于忽略了螺栓、套筒等配件自重，因此默认静荷载系数＝1.06 进行调整，其他工况荷载系数默认＝1。

(3) 虽然经过了程序的查错功能（搜寻病态结构），建模过程中仍有可能出现小刚度方向，程序通过提示大位移，增加约束。

(4) 根据《建筑抗震设计规范》GB 50011—2010 10.2.13 条，对于空间大跨结构的关键杆件和关键节点的地震作用效应组合设计值分别对 7、8、9 度震区考虑 1.1、1.15、1.2 和 1.15、1.2、1.25 的放大系数。关键杆件和关键节点在附注里定义为：空间传力体系取值为临支座的 2 个网格和 1/10 跨度范围内的较小值杆件，而单向传力体系取值为与支座直接相连的杆件皆为关键杆件，与关键杆件相连的节点为关键节点。该处需要使用者定义距离支座的关键杆间距，从而对关键杆件和关键节点按照设计要求予以放大。

(5) 程序可以按照铰接杆单元计算（0-杆单元），每一个节点考虑三个平动自由度（x、y、z），计算结果杆端只有轴力。同时也可以按刚接梁单元计算（1-梁单元），每一节点除平动自由度外，还考虑转动共计六个自由度，相应每一杆端包含三个力和三个矩，满足右手螺旋法则。程序默认铰接杆单元，只有在单层壳体或平板结构式，必须选择梁单元计

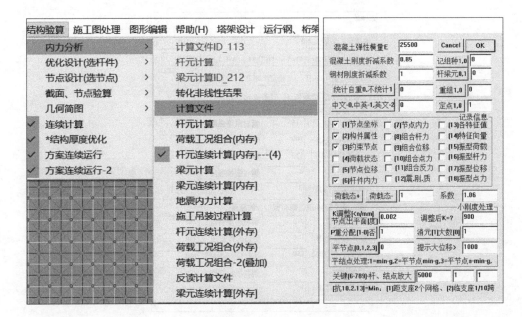

图 3.1-1　内力分析

算，否则会变成一种机构。

（6）内力分析可以分步计算，也可以连续进行，分步计算包括：①形成计算文件；②有限元分析（分杆单元和梁单元）；③荷载组合。

（7）计算输出结果包括：①单工况内力和位移；②组合工况内力和位移；③最不利内力（最大拉、压力）。由于荷载组合工况随着荷载状态的增加，成几何数量增加，采用各种组合工况进行结构验算会耗费大量机时，为加快结构验算的时间，通常采用最不利内力进行结构验算。

（8）由于《建筑抗震设计规范》GB 50011—2010 对关键构件和关键节点的提高系数不同，程序分别提供了考虑关键构件提高系数的最不利组合内力（−m1）和考虑关键节点提高系数的最不利组合内力（−m2），分别用于验算杆件和节点的螺栓、套筒。

关于动力分析和非线性分析的相关内容将在另外章节中加以详述。

3.2　优化设计（选杆件）

优化设计实则是按照规范在满足（1）抗拉强度、（2）抗压杆件稳定和（3）拉压杆长细比的要求下，在已经确定的构件库（图 2.4-1）内选择出满足要求的构件。优化设计对话框（图 3.2-1）解释如下。

3.2.1　优化与选大

为考虑支座刚度同时满足大、小刚度的要求，可以采取小刚度时进行：0-优化，而大刚度时进行：1-增大，从而同时满足大小刚度要求。

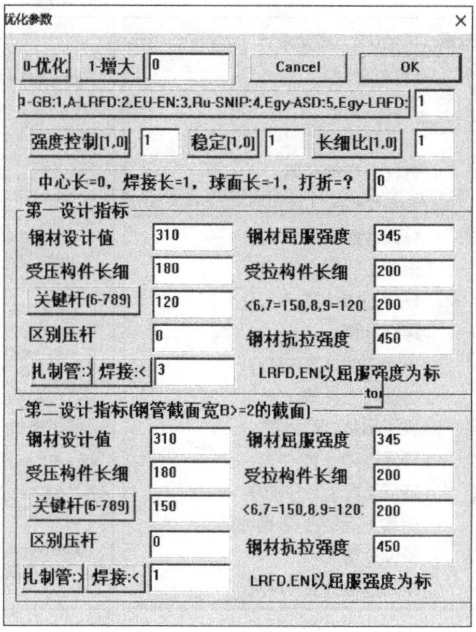

图 3.2-1 优化设计

3.2.2 优验算指标与几何长度

该阶段集合了强度验算和构件优化的两方面内容，程序在满足验算指标：强度、稳定性和长细比的条件下在构件库内进行双向选择优化（0-优化）或只增大不减小截面（1-增大），程序允许使用者有选择地使用控制条件（强度、稳定性和长细比）。

关于几何长度，规范规定为集合中心长度，由于螺栓球网架套筒两面可以自由转动，因此，在这里提供了：几何中心长度、焊接长度、至球面长度和几何中心长度折减的选项，用于控制几何长度的取值。

3.2.3 材料强度取值

软件允许同时采用两种钢材进行设计，一般用于在最大钢管低强度钢材不满足要求时，通过提高钢材设计强度实现，比如将最大杆件提高一个等级采用。软件默认第一设计指标 Q235，第二设计指标 Q345，通常采用第二设计指标的构件在确定构件库（图 2.4-1）时，通过将钢管截面宽度 $B \geqslant 2$（第二设计指标）加以区别第一设计指标（$B < 2$）。该程序允许使用者对材料强度进行折减，折减后的材料强度可以直接在对话框中给出（图 3.2-1）。

由于受力较小的杆件有可能发生变号的情况，即：受压杆件转换为受拉杆件，因此，程序允许小的受拉杆件按受压杆件进行设计，通过控制受压杆内力来实现，通常默认≤0 的内力为受压，同时，使用者也可以将小于某一拉力（如 1kN）的受拉杆件按受压杆件进行设计。

3.2.4 设计规范（依据）

构件设计一般需同时满足：（1）强度，（2）稳定应力，（3）长细比（拉压）。程序设计上面，把上述三个量转换成比值的方式比较容易处理，即：（1）计算强度/强度设计值，（2）计算稳定应力/强度设计值，（3）计算长细比/控制长细比。以上三个变量≤1 则是满足规范要求，否则需选择更大的截面，而无限接近 1 的截面则为最优截面。由于强度和长细比计算较为简单，只是各国的分项系数有所不同而已，因此以下主要论述各国规范关于构件稳定方面的计算控制依据。

本软件目前能够按照以下几种规范执行验算。

3.2.4.1　国标 GB 50017—2017

强度和稳定计算按照《钢结构设计标准》GB 50017—2017　7.1.1 和 7.2.1 条进行。计算长度同时参照《空间网格结构技术规程》JGJ 7—2010，J 1072—2010　5.1.2 条表 5.1.2 执行，长细比要求满足 5.1.3 条表 5.1.3 的相关规定。

计算流程如下：

（1）按照表 7.2.1-1 分类，轧制管 a 类，焊接管 b 类。

（2）按照表 D.0.5（表 3.2-1）确定截面系数：α_1、α_2、α_3。

系数 α_1、α_2、α_3　　　　　　　表 3.2-1

截面类别		α_1	α_2	α_3
a 类		0.41	0.986	0.152
b 类		0.65	0.965	0.300
c 类	$\lambda_n \leqslant 1.05$	0.73	0.906	0.595
	$\lambda_n > 1.05$		1.216	0.302
d 类	$\lambda_n \leqslant 1.05$	1.35	0.868	0.915
	$\lambda_n > 1.05$		1.375	0.432

（3）计算长细比 $\lambda = l_0/i$

（4）按照式（D.0.5-2）[式（3.2-1）] 计算换算长细比 λ_n

$$\lambda_n = \frac{\lambda}{\pi}\sqrt{f_y/E} \tag{3.2-1}$$

（5）当 $\lambda_n \leqslant 0.215$ 时，式（D.0.5-1）[式（3.2-2）] 计算稳定系数 φ

$$\varphi = 1 - a_1\lambda_n^2 \tag{3.2-2}$$

（6）当 $\lambda_n > 0.215$ 时，式（D.0.5-3）[式（3.2-3）] 计算稳定系数 φ

$$\varphi = \frac{1}{2\lambda_n^2}\left[(a_2 + a_3\lambda_n + \lambda_n^2) - \sqrt{(a_2 + a_3\lambda_n + \lambda_n^2)^2 - 4\lambda_n^2}\right] \tag{3.2-3}$$

（7）按照 7.2.1 条式（7.2.1）计算构件的稳定应力 [式（3.2-4）]：

$$\frac{N}{\varphi A f} \leqslant 1 \tag{3.2-4}$$

计算框图如图 3.2-2 所示。

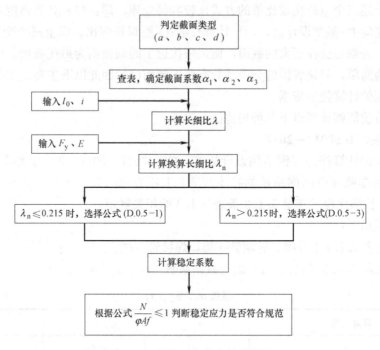

图 3.2-2 国际 GB 稳定计算框图

3.2.4.2 美标 LRFD

按照《钢结构建筑荷载和抗力系数设计规范》（LRFD）执行，各种规范最大不同之处在于稳定计算，美标稳定计算按 LRFD 的 E2 节执行，计算结果以应力方式体现：

E2. 弯曲失稳构件的设计抗压强度

计算宽厚比小于 λ 的弯曲构件的抗压系数，并按照表 B5.1 计算轴心抗压承载能力：$\varphi_c P_n$。

计算流程如下：

（1）按照式（E2-4）［式（3.2-5）］计算换算长细比 λ_c

$$\lambda_c = \frac{Kl}{r\pi}\sqrt{\frac{F_y}{E}} \tag{3.2-5}$$

（2）当 $\lambda_c \leqslant 1.5$ 时，按照式（E2-2）［式（3.2-6）］计算折减系数 F_{cr}

$$F_{cr} = (0.685^{\lambda_c^2})F_y \tag{3.2-6}$$

（3）当 $\lambda_c > 1.5$ 时，按照式（E2-3）［式（3.2-7）］计算折减系数 F_{cr}

$$F_{cr} = \left[\frac{0.877}{\lambda_c^2}\right]F_y \tag{3.2-7}$$

（4）按照式（E2-1）［式（3.2-8）］确定抗压稳定承载力：

$$P_n = A_g F_{cr} \tag{3.2-8}$$

（5）乘以分项系数：$\varphi_c = 0.85$

$$F \leqslant \varphi_c P_n$$

式中 A_g——毛截面面积（mm^2）；

F_y——材料屈服应力（MPa）；

E——弹性模量（MPa）；

K——计算长度系数；

l——杆件长度（mm）；

r——回转半径（mm）。

计算框图如图 3.2-3 所示。

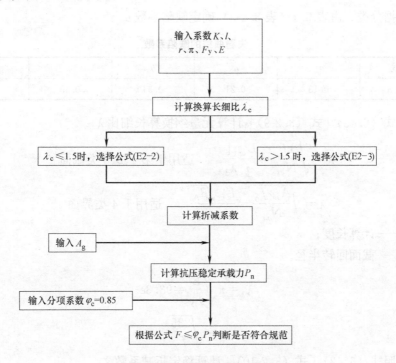

图 3.2-3　美标 LRFD 稳定计算框图

3.2.4.3　欧标 EN 1993

根据《欧洲规范 3：钢结构设计》EN 1993，稳定计算参照 6.3.1.1 和 6.3.1.2 节执行。

计算流程如下：

（1）根据 5.5.2 节塑性开展及宽厚比对截面进行分类（1、2、3、4 类）。

5.5.2 分类标准：

四类截面的定义方法如下：

第一类截面是可以形成塑性铰且具备形成塑性铰所需要的转动能力的截面。

第二类截面是具备良好的塑性展开能力但是具有有限的转动能力的截面。

第三类截面是在极限受压状态下构件中的纤维可以达到屈服强度，但局部失稳可能会限制塑性受弯承载力发展的截面。

第四类横截面是在一个或多个截面达到屈服应力之前局部先发生失稳的截面。

（2）根据表 6.2（表 3.2-2）进行失稳曲线分类（a0、a、b、c、d 类）

热轧：a 类，冷弯：c 类。

失稳曲线分类 表 3.2-2

空心形式:		热轧	任意类型	a 类	a₀ 类
		冷弯	任意类型	c 类	c 类

（3）根据分类，由表 6.1（表 3.2-3）确定缺陷系数 α

失稳曲线的缺陷系数 表 3.2-3

失稳曲线	a_0	a	b	c	d
缺陷系数 α	0.13	0.21	0.34	0.49	0.76

（4）由式（6.43）[式（3.2-9）]计算无量纲换算长细比 $\bar{\lambda}$

$$\bar{\lambda}=\sqrt{\frac{Af_y}{N_{cr}}}=\frac{L_{cr}}{i}\frac{1}{\lambda_1} \quad \text{适用于第 1、2、3 类截面}$$

$$\bar{\lambda}=\sqrt{\frac{A_{eff}f_y}{N_{cr}}}=\frac{L_{cr}}{i}\frac{\sqrt{\beta_A}}{\lambda_1} \quad \text{适用于 4 类界面} \tag{3.2-9}$$

式中　L_{cr}——计算长度；

i——截面回转半径。

$$\lambda_1=\pi\sqrt{\frac{E}{f_y}}=93.3\varepsilon$$

$$\varepsilon=\sqrt{\frac{235}{f_y}}$$

（5）按照式（6.42）[式（3.2-10）]计算稳定折减系数 χ

$$\chi=\frac{1}{\phi+\sqrt{\phi^2-\bar{\lambda}^2}} \quad \text{且：} \chi\leqslant 1 \tag{3.2-10}$$

式中　$\phi=0.5\left[1+\alpha(\bar{\lambda}-0.2)+\bar{\lambda}^2\right]$；

N_{cr}——欧拉临界力。

（6）由 6.1 节确定稳定计算分项系数 $\gamma_{M1}=1.10$

（7）由式（6.41）[式（3.2-11）]确定构件的稳定承载力：

$$N_{b,Rd}=\chi A\frac{f_y}{\gamma_{M1}} \quad \text{对于第 1、2、3 类截面}$$

$$N_{b,Rd}=\chi A_{eff}\frac{f_y}{\gamma_{M1}} \quad \text{对于第 4 类截面} \tag{3.2-11}$$

计算框图如图 3.2-4 所示。

3.2.4.4 俄罗斯标准 SNIP

遵照《SNIP Ⅱ-23-81 * "Steel Structural Units"》SNIP，稳定计算主要按照 5.3 节执行，计算流程如下：

（1）依据表 6（表 3.2-4）确定结构类别系数 γ_c

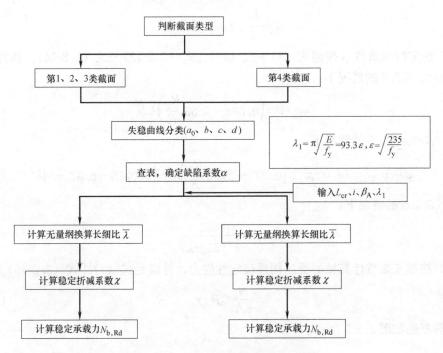

图 3.2-4 欧标 EN 1993 稳定计算框图

结构类别系数 表 3.2-4

结构组件	结构类别系数 γ_c
1. 剧院大厅,俱乐部,电影院,看台下方,地下商店,大型公共图书馆藏书库,档案室等的实心梁和楼板构架受压组件。当楼板重量等于或大于临时负载时	0.9
2. 公共建筑物柱子和水塔支架	0.95
3. 在弯曲度 $\lambda \geqslant 60$ 时,屋顶板和楼板(如,屋架及类似的构架)焊接构架角部的组合丁字截面网格的受压基础组件(除支架外)	0.8
4. 整体稳定性计算在 $\varphi_b < 1.0$ 时的实心梁	0.95

(2) 依据表 2(表 3.2-5)确定材料分项系数 γ_m

材料设计强度(R_y)与屈服强度(R_{yn})的关系:$R_y = R_{yn}/\gamma_m$

表 3.2-5

钢材的国家标准或技术规范	材料的安全可靠性系数 γ_m
国家标准 27772-88(除 C590,C590K 钢之外);技术规范 14-1-3023-80(对于圆钢、方钢、扁钢)	1.025
国家标准 27772-88(C590,C590K 钢);国家标准 380-71**(技术规范 14-1-3023-80 中缺少圆钢和方钢的尺寸);国家标准 19281-73*[技术规范 14-1-3023-80 中缺少流动极限在 380MPa(39кгс/мм²)以下的圆钢和方钢]国家标准 10705-80*;国家标准 10706-76*	1.050
国家标准 19281-73*[技术规范 14-1-3023-80 缺少流动极限超过 380MPa(39кгс/мм²)的圆钢和方钢];国家标准 8731-87;技术规范 14-3-567-76	1.100

(3) 计算长细比 λ 和换算长细比 $\bar{\lambda}$

$$\lambda = \frac{l_0}{i} \quad \bar{\lambda} = \lambda \sqrt{R_y / E}$$

（4）稳定折减系数 φ 按照式（8）~式（10）[式（3.2-12）~式（3.2-14）]执行：

在 $0 < \bar{\lambda} \leqslant 2.5$ 的情况下：

$$\varphi = 1 - \left(0.073 - 5.53 \frac{R_y}{E}\right) \bar{\lambda} \sqrt{\bar{\lambda}} \qquad (3.2\text{-}12)$$

在 $2.5 < \bar{\lambda} \leqslant 4.5$ 的情况下：

$$\varphi = 1.47 - 13.0 \frac{R_y}{E} - \left(0.371 - 27.3 \frac{R_y}{E}\right) \bar{\lambda} + \left(0.0275 - 5.53 \frac{R_y}{E}\right) \bar{\lambda}^2 \qquad (3.2\text{-}13)$$

在 $\bar{\lambda} \geqslant 4.5$ 的情况下：

$$\varphi = \frac{332}{\bar{\lambda}^2 (51 - \bar{\lambda})} \qquad (3.2\text{-}14)$$

（5）按照 5.3 节计算轴心受压构件稳定性应力，并满足式（7）[式（3.2-15）]

$$\frac{N}{\varphi A} \leqslant R_y \gamma_c \qquad (3.2\text{-}15)$$

计算框图如图 3.2-5 所示。

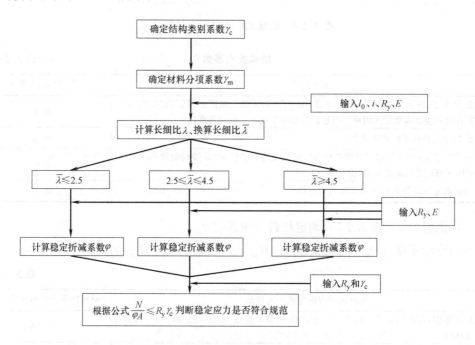

图 3.2-5　俄标 SNIP 稳定计算框图

3.2.4.5　埃及标准

埃及 GOE 采用两个标准并用的形式（容许应力法和分项系数法），首先介绍容许应力法的计算流程。

1. 容许应力设计法

埃及标准：《埃及钢结构和桥梁实用规程》ECP 205—2001（容许应力法）。对于强度取值按照如下 2.6.2 节规定执行：

2.6.2　轴向拉伸许用应力 F_t

按照 2.7.1 条所规定的有效净面积 A_0，设计强度满足式（2.1）[式（3.2-16）]：

$$F_t = 0.58F_y \tag{3.2-16}$$

稳定计算按照 2.6.4 节验算：

在长细比 $\lambda = k\ell/r < 100$ 的情况下（计算长度的定义见第 4 章），抗压设计强度满足式（2.11）[式（3.2-17）]：

$$F_c = 0.58F_y - \frac{(0.58F_y - 0.75)}{10^4}\lambda^2 \tag{3.2-17}$$

在 $\lambda = k\ell/r \geqslant 100$ 的情况下，抗压设计强度满足式（2.15）[式（3.2-18）]：

$$F_c = 7500/\lambda^2 \tag{3.2-18}$$

计算框图如图 3.2-6 所示。

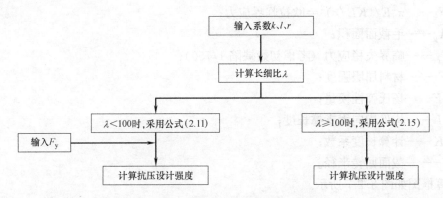

图 3.2-6　埃及标准 ASD 稳定计算框图

2. 分项系数设计法

根据《埃及钢结构实用规程》第 359-2007 号部级法令（荷载与分项系数设计）。强度计算按照 3.1.1 节如下规定计算：

受拉构件承载能力（$\phi_t P_n$）取式（3.1）[式（3.2-19）]毛截面的屈服强度和净截面的断裂强度的较小值。

a. 毛截面屈服强度承载力：

ϕ_t＝屈服强度分项系数＝0.85

$$P_n = F_y A_{gt} \tag{3.2-19}$$

b. 净截面的断裂强度承载力：

ϕ_t＝断裂强度分项系数＝0.7

$$P_n = F_U A_e$$

式中　A_e——有效面积；

　　　A_{gt}——毛截面面积；

　　　F_y——屈服强度；

　　　F_u——抗拉强度；

P_n——轴向抗拉承载力。

稳定计算按照 4.2.1 节式（4.1）~式（4.4）［式（3.2-20）~式（3.2-23）］计算：受压构件弯曲失稳承载能力（$\phi_t P_n$）计算如下：

此处 $\phi_c = 0.80$

$$P_n = A_g F_{cr} \tag{3.2-20}$$

当 $\lambda_c \leqslant 1.1$ 时：

$$F_{cr} = F_y (1 - 0.384\lambda_c^2) \tag{3.2-21}$$

当 $\lambda_c > 1.1$ 时：

$$F_{cr} = 0.648 F_y / \lambda_c^2 \tag{3.2-22}$$

长细比定义如下：

$$\lambda_c = \frac{F_y}{F_e} \tag{3.2-23}$$

式中　F_e——$\pi^2 E/(KL/r)^2$＝欧拉临界应力；

　　　　A_g——毛截面面积；

　　　　F_{cr}——临界失稳应力（考虑初始缺陷 1/750）；

　　　　F_y——材料屈服强度；

　　　　E——杨氏弹性模量；

　　　　L——构件横向无支撑长度；

　　　　K——计算长度系数；

　　　　r——截面回转半径。

计算框图如图 3.2-7 所示。

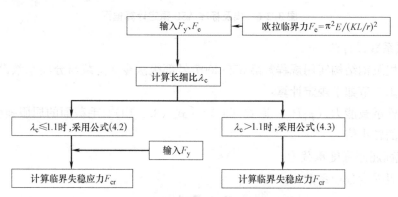

图 3.2-7　埃及标准 LRFD 稳定计算框图

3.3　节点设计（选节点）

节点设计（图 3.3-1）是按照规范强度要求，同时在满足构造要求的前提下：

首先确定出每一根杆件所采用的螺栓、套筒、锥头或封板的具体标准。

其次需要根据每一个节点所连接的杆件和端部螺栓与套筒的构造要求确定出合理的最

小螺栓球球径。

3.3.1　螺栓和套筒设置

按照《空间网格结构技术规程》5.3 节的规定执行。

高强度螺栓和套筒可以采用两种规格。M36（含 36）以下的高强度螺栓采用 10.9 级，设计强度默认取 430N/mm^2，M39（含 39）以上采用 9.8 级，设计强度默认取 385N/mm^2。

套筒则相反，与 M36（不含 36）以下配套的套筒（对边 $D=55$）采用 Q235 钢材，而与 M36（含 36）以上配套的套筒采用 Q345 或者 45 号钢。

软件默认上述配置，并提供了修改对话框（图 3.3-1），为方便不同项目的安全度折减，可以自动按一定的百分比折减。

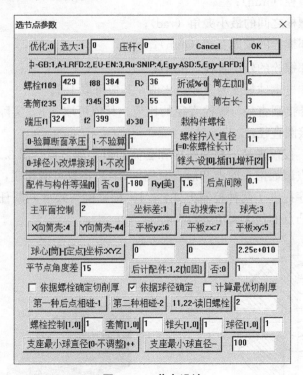

图 3.3-1　节点设计

3.3.2　接触面切削厚度

关于切削厚度通常采用两种原则：

一是不论球径大小完全按照螺栓确定-依据螺栓切削。

二是同一种球直径不论螺栓大小采用同一种切削厚度-依据球直径确定。

原则上切削面厚度应该满足套筒的接触面积-计算最优切削面厚度，为此，程序提供了三种切削面厚度确定方式，前两种是一般通常采用的方式，而第三种方式往往确定的球径较大不予采用。套筒端面局部承压强度验算也只能在满足接触面的情况下验算才有意义，事实上无论满足基础面的切削厚度还是端面局部承压强度的验算，都会增大球节点直径，通常都没有进行验算保证。

3.3.3 后点相碰验算

关于螺栓球直径的确定《空间网格结构技术规程》中第 5.3.3 条规定了如下计算公式：

$$D \geqslant \sqrt{\left(\frac{d_{\mathrm{s}}^{\mathrm{b}}}{\sin\theta} + d_1^{\mathrm{b}}\cot\theta + 2\xi d_1^{\mathrm{b}}\right)^2 + \lambda^2 d_1^{\mathrm{b}^2}} \tag{3.3-1}$$

为满足套筒接触面的要求尚应按下列核算：

$$D \geqslant \sqrt{\left(\frac{\lambda d_{\mathrm{s}}^{\mathrm{b}}}{\sin\theta} + \lambda d_1^{\mathrm{b}}\cot\theta\right)^2 + \lambda^2 d_1^{\mathrm{b}^2}} \tag{3.3-2}$$

式中　D——钢球直径（mm）；

　　　θ——两个螺栓之间的最小夹角（rad）；

　　　d_1^{b}——两相邻螺栓的较大直径（mm）；

　　　$d_{\mathrm{s}}^{\mathrm{b}}$——两相邻螺栓的较小直径（mm）；

　　　ξ——螺栓伸进钢球长度与直径的比值，其值可取 1.1；

　　　λ——套筒外接圆直径与螺栓直径的比值，其值可取 1.8，实际计算采用套筒的实际外接圆直径：$\lambda d_1^{\mathrm{b}} = D^{\mathrm{T}}$。

上述两个公式，仅仅满足了相邻螺栓和套筒的最小球节点（图 3.3-2）直径的最低要求，除此之外，后点诸如锥头前点和后点（图 3.3-3）还有可能相碰，为保证安装时所有凸点都不相碰，程序提供了两种控制方式：（1）根据配件尺寸判断任意一个凸点都不相碰；（2）根据所有凸点的最大夹角进行判断。

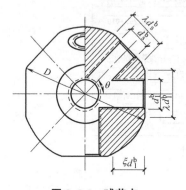

图 3.3-2　球节点

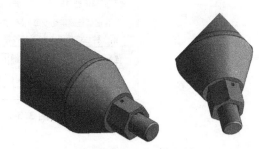

图 3.3-3　后点相碰

3.3.4 支座最小球径定义

支座螺栓球太小时不利于支座底板的焊接，因此，一般规定最小支座球径在 180～200 之间。

同时，程序给出了节点选择的控制条件：螺栓、套筒、锥头和球径的控制选择。为满足大小刚度的条件要求，同样可以选择优化（双向大小选择）和选大（只增大不减小）的选项。

同样考虑到受力较小的杆件有可能发生变号的情况，即：受压杆件转换为受拉杆件，因此，程序允许小的受拉杆件按受压杆件进行设计，通过控制受压杆内力来实现，通常默认≤0 的内力为受压，同时，使用者也可以将小于某一拉力（如 1kN）的受拉杆件按受压杆件进行设计，各种配件（螺栓和套筒）也相应按照此定义执行。

3.4　截面、节点验算

截面、节点验算和几何简图的绘制主要是为施工图审查或存档而设置的，同时也可以对荷载发生变化后结构的安全性能进行验算（图 3.4-1）。

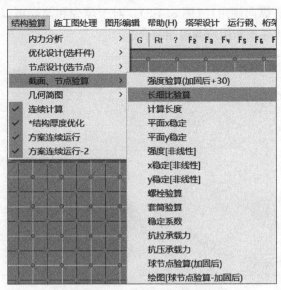

图 3.4-1　截面、节点验算

图 3.4-2 为截面、节点验算的控制对话框，验算结果以图形标注的形式提供给用户，

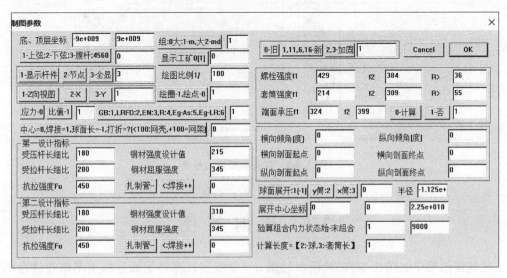

图 3.4-2　截面、节点验算对话框

用于图纸审查或者存档用。由于网架结构空间构形越来越复杂，该对话框提供了各种图层的选择和展开图绘制，说明如下：

（1）构件设计指标和螺栓、套筒设计强度程序自动构件优化和节点优化时的控制指标，当然用户也可以进行相应的改动。

（2）验算内力可以有几种选择：①可以选择荷载状态，并可以选择某一种荷载状态进行验算。②可以选择组合内力以及控制某一种或者几种荷载组合状态。③可以选择最不利组合内力（最大拉力和最大压力），提醒大家的是考虑关键构件和关键节点的增大系数不同，用户选择最不利内力时应选择相应最不利内力（－m1，－m2）。

（3）使用者可以选择输出图层，以及视图方向（X、Y、Z视图），并且可以某一倾斜角度出图（横向倾角、纵向倾角）（图 3.4-3），对于球壳和筒壳可以选择展开图输出（图 3.4-4），展开中心自动寻找和用户调整相结合。

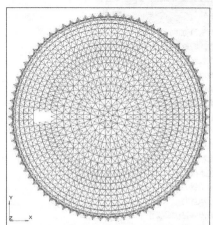
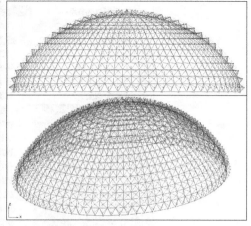

图 3.4-3　各种视角图示

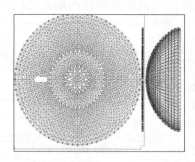
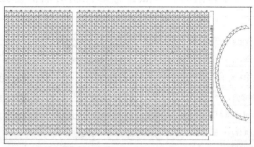

图 3.4-4　球壳和筒壳的展开

3.5　几何简图

几何简图菜单如图 3.5-1，对话框如图 3.5-2 所示，亦是为满足施工图审查或存档而设置的。

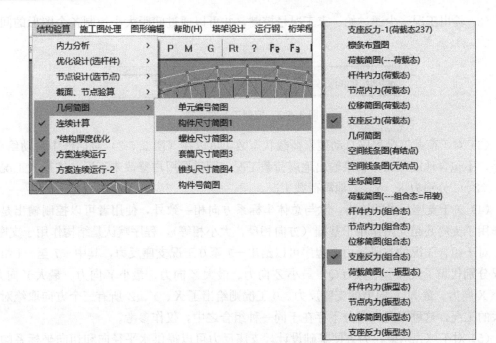

图 3.5-1　几何简图菜单

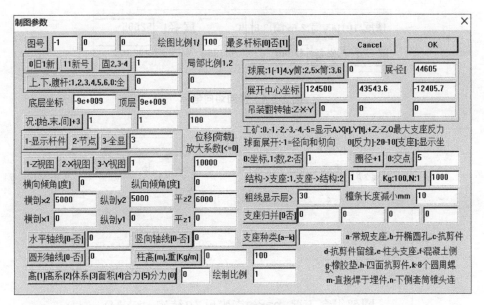

图 3.5-2　几何简图对话框

几何简图菜单说明如下：

（1）几何简图大致分为：①几何尺寸简图绘制，包括几何尺寸、构件编号、构件尺寸、螺栓大小、套筒大小、锥头尺寸等。②各个荷载状态下的荷载简图、杆件内力、节点内力、位移简图和支座反力。③各种组合状态下的杆件内力、节点内力、位移简图和支座反力。使用者可以根据需要输出各种图层的各种视图（X、Y、Z），当然也可以输出各种展开图。

（2）输出工况多少通过始、末工况号控制，并可以通过间距大小控制各个图形的间距（图 3.5-3）。

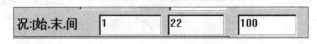

图 3.5-3　控制工况对话框

（3）对于荷载工况程序自动搜索荷载状态数，可以在（图 3.5-3）对话框中自动给出，但是，不包含地震工况，如果输出地震荷载工况，则需要用户修改末工况，按最大工况增加 1、2、3 分别为 X、Y、Z 地震荷载工况。

（4）关于支座反力的输出，除与总体坐标系方向相一致外，使用者可以控制输出是结构作用于支座还是支座作用于基础（方向相反，大小相等），程序默认是结构作用于支座。

对于组合工况的支座反力：程序可以给出 -7 至 0 工况支座反力，其中 -7 至 -1 组合工况分别代表了最大水平剪力 Q、最小 Z 向力、最大 Z 向力、最小 Y 向力、最大 Y 向力、最小 X 向力、最大 X 向力的支座反力。0 工况则给出了 X、Y、Z 所有三个方向取绝对值最大的工况，这种工况大部分不存在于同一种组合之中，仅作参考。

（5）对于球壳网架，为方便基础设计，支座反力可以提供水平径向和切向坐标系的支座反力，可以通过球壳展开图的方式实现（图 3.5-4），示例如图 3.5-5 所示。

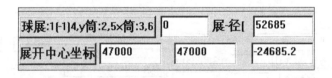

图 3.5-4　径向切向坐标

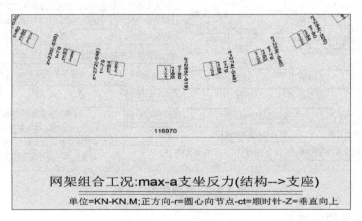

图 3.5-5　切向和径向反力

3.6　连　续　计　算

网架结构设计一般首先给定一种构件截面和节点大小，然后经过内力计算→优化构件→选择节点（含螺栓计算、套筒计算、配置锥头或封板、选择螺栓球直径）等步骤，获得最优的构件截面和节点配置，上述过程随着结构形式的不同，一般要经过 3 次以上的重复过程方可以获得较为稳定的计算结果（图 3.6-1）。该项的使用说明如下：

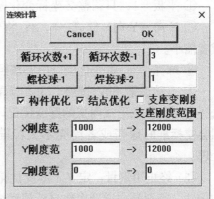

图 3.6-1　连续计算对话框

（1）连续计算之前需要单独运行上述三步，已确定合理的设计指标用于连续计算，在连续计算阶段将跳过控制对话框，采用已经定义好的设计指标连续计算。

（2）含有温度应力工况时，循环次数不宜太多以 3 次为好，随着截面的增加，特别是约束较强时，截面会一直增大，使得用钢量随着计算次数增加而不断增大。

（3）虽然网架支座给出了多种形式，但是，现阶段普遍采用平板支座，橡胶垫采用越来越少，究其原因是刚度难以准确取值。有时为了放松水平约束，减小水平支座反力经常采用沿着某一个方向开椭圆孔的方式。就常用的平板支座开椭圆孔用于平板网架、球壳和筒壳结构时建议如下：

① 平板网架有悬臂柱时不开椭圆孔，水平刚度按照悬臂柱刚度执行，并考虑比计算刚度一定的偏小量处理。支座固定时建议开椭圆孔，水平刚度控制水平位移不大于椭圆孔的大小。

② 筒壳结构一般按固定支座处理，为了减小角部的水平支座反力可以采取如下两种措施：其一，删掉一些山墙与筒壳之间的腹杆，以减小两者之间的约束作用。其二，地板纵向开椭圆孔，考虑水平刚度减小，从而起到减小角部水平反力的作用。

③ 球壳网架建议沿着径向开椭圆孔，径向刚度偏安全的考虑大刚度和小刚度共同满足一定范围。

上述刚度考虑的大小笔者认为应该满足如下两点：①支座位移不大于椭圆孔长度；②水平支座反力不小于钢板之间的摩擦力（大致在竖向压力的 0.3 左右）。而提供给基础设计的支座反力则支座刚度偏大取值。上述建议在有可靠依据时除外（如：施加 PTFE 膜等）。

3.7　厚 度 优 化

杆件优化是基于满应力优化进行的，即：优化目标＝满应力，约束条件＝（1）强度＋（2）长细比＋（3）构件稳定性。而节点优化目标＝满应力，约束条件＝（1）强度。

厚度优化实则是基于上述杆件优化和节点优化之上进行的（图 3.7-1），其优化目标＝最轻用钢量，约束条件＝（1）杆件优化＋（2）节点优化。厚度优化的变量当然是网架厚度，详细解释如下：

（1）调整层定义了变化是上弦层还是下弦层，相应的另一个层的坐标不变，用户可以自由选择，默认上弦层。

（2）调整的方式可以选择：

① 平板＝1；只调整 Z 坐标变化厚度。

② X 向（Y 向）筒壳＝3，4；将变化层以中心按照标准 X（Y）方向筒壳的方式放大或者缩小。

③ 球壳＝2；将变化层以中心按照标准球壳的方式放大或者缩小。

④ 自动搜索＝0；按照 2.3.4 节寻找矢量叉积的方式确定厚底调整方向，原则上该项选择适用于任意形式网架的厚度优化，默认也是该类调整方式，然而，由于舍入误差的原因会使标准的球壳或者筒壳不太标准，提醒使用者出施工图时注意对模型进行标准化处理。

（3）终止用钢量；定义了厚度优化前后两次的用钢量的变化小于该值是厚度优化终止的条件，特别是在增量次数自动搜索情况下满足该条件搜索即终止。

（4）使用者可以定义：每次厚度增加或减小的厚度大小（单位 mm），并且定义好厚度增加和减小的次数，运行到所定义的次数即终止运行，并给出最小用钢量。

如果增加次数＝－1，其终止条件需满足前后两次用钢量差值小于"搜索终止用钢量"的值时方运行终止。

需要说明的是：程序给出的是在上述控制条件下的理论最优用钢量，使用者需要根据施工可行性和最大扰度控制值，确定合理的厚度优化大小。计算结构保存于："文件名-厚度优化.txt"之中。程序同时保存了每一次厚度优化模型："文件名＋厚度变化.dwj"。

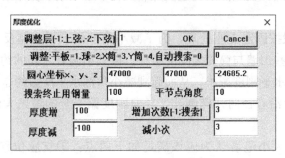

图 3.7-1　厚度优化对话框

3.8　方案连续运行－1、－2

该部分内容分别对应固定支座刚度和变支座刚度网架结构完成，由（1）计算、（2）优化选杆件、（3）优化选节点、（4）输出支座反力、（5）连续构件归并、（6）输出方案图的全过程运行，可以加快方案的数据输出。建议不熟悉的初学者谨慎应用，采用分部运行较为稳妥。

第4章　网架结构的施工图处理

在施工图处理中（图4.0-1），包括构件归并和输出施工图两方面主要工作，主要内容包括：

（1）结构归并；

（2）结构调整；

（3）结构加工图；

（4）结构布置图；

（5）构件统计表；

（6）结构虚隐。

图4.0-1　施工图处理对话

4.1　结 构 归 并

结构归并（图4.1-1）分为：

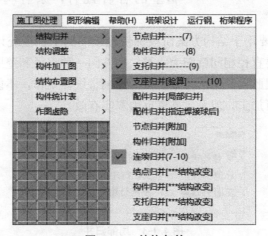

图4.1-1　结构归并

（1）常规归并。包括：1）节点归并；2）构件归并；3）支托归并；4）制作归并四项内容，对上述四项还可以统一进行连续归并。

1）节点归并。众所周知，螺栓球节点归并为同一类需要做到相同的球径、相同的螺栓个数、相同的空间角度、每一空间角度的螺栓孔径相同，只有满足上述所有条件才可以归并。归并角度误差默认为 15 分（′），在对话框中允许调整。寻找基准孔的次序依据支托孔的定义次序执行，首先寻找屋面，其次下挂支托孔，以此类推。程序允许不设置支托孔，此时自动搜索任意一个直径＝20 的螺栓孔作为基准孔，并标注切削面厚度，在没有直径＝20 的螺栓时，则搜索最大角度空隙添加一个直径＝20 的螺栓孔作为基准孔。

2）构件归并。构件归并需要相同直径、相同壁厚、相同长度、相同螺栓套筒的构件方可以归并为同类。

3）支托归并。支托归并根据支托方向进行归并，不归并的支托不统计工程量，施工布置图中不予体现，只在球加工图中预留螺栓孔。

4）支座归并（图 4.1-2）。支座归并实则是对支座进行计算，而后归并。主要计算两

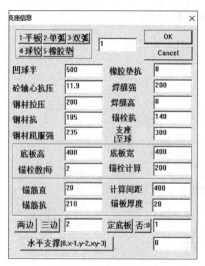

图 4.1-2　支座验算

方面，其一是地脚螺栓，按照 GB 50017 执行，其二是预埋锚筋，按照 GB 50010 第 10.10 节规定执行。提醒使用者注意的是：①应准确给出每边锚栓个数和计算间距；②锚筋控制参数，据此，才能计算出准确定锚栓直径和锚筋根数。确定合理的底板厚度时用户需注意给出是按两边或者三边支撑计算。水平支撑控制水平荷载是否通过外加支撑来提供（主要用于筒壳的水平支撑）。

（2）特殊归并。含有两项内容，局部归并和连续归并。

1）局部归并。主要应用于结构规模较大时，材料表需要分别统计、分区加工时，完成材料表的分区统计工作（图 4.1-3），程序将自动提取分区控制区里的各种配件，原有构件全部存入：构件-s.txt 中。

2）连续归并。主要用于结构方案阶段加快施工图的工程量统计工作而设置的，统计精度较粗，球节点只要直径相同就归为一类，杆件同一种直径和壁厚只统计总长度，缩减了大量的材料表格，因此，只用于方案阶段的用钢量统计工作，不能出节点加工图，结构布置图只能示意，不可加工，但是，支座反力真实有效。

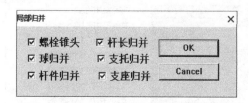

图 4.1-3　局部归并

4.2　结 构 调 整

结构调整（图 4.2-1）实则是结构归并后的配件进行局部尺寸调整，配件调整如图 4.2-2 所示，支托和支座调整如图 4.2-3 所示，调整配件一定要前后对照进行，建议统计完配件后不要做任何调整。

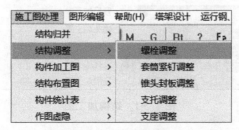

图 4.2-1　结构调整

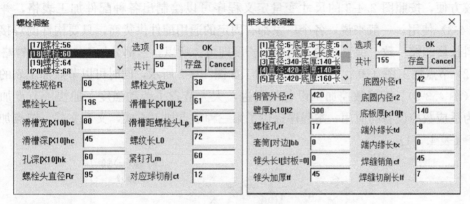

图 4.2-2　配件调整

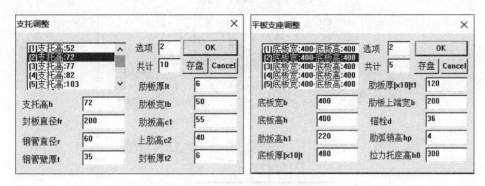

图 4.2-3　支托、平板支座调整

4.3　结构加工图

结构加工图（图 4.3-1）主要完成如下两方面的工作：

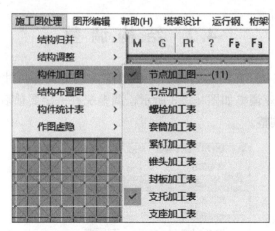

图 4.3-1 结构加工图

（1）各种配件加工表，因为各种配件只是局部尺寸的变化，因此，通过表格的形式出图比较方便，按照图 2.4-3 的尺寸变量定义程序可以绘制出各种配件加工表格，并配合（图 2.4-3）使用，一般来说，各个厂家都有固定的通用配件供货商，只要构件的焊接长度和下料长度能够一致，保证结构几何中心长度即可，所以，这部分加工图通常是省略的。

（2）节点加工图（表）：常用的节点加工如图 4.3-2 所示，同时可以节点加工表的形式出图（图 4.3-3）。随着数控加工设备的引进，大大节省了劳动强度，加快了节点加工进度，为适应数控设备的应用，本程序提供了第三种节点加工方式，文本文件：节点加工表 .TXT（表 4.3-1）。

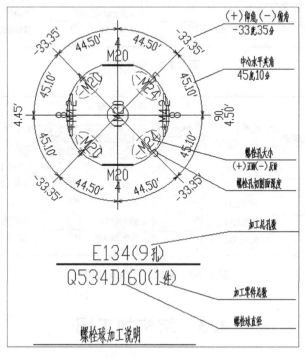

图 4.3-2 节点加工图

八螺栓球加工表											K2
序号	球号	规格	数量	孔数	K1						
		(mm)			螺栓	切削	纬度	经度	螺栓	切削	纬度
1	A1	100.	1	7	20*		90°	2° 15'	20	4	-41
2	A2	100.	1	7	20	4	0° 5'	163° 50'	20	4	0° 60
3	B1	120.	1	9	27	6	-1° 55'	300° 15'	24	6	-37
4	B2	120.	2	9	27	6	1° 50'	0° 35'	24	6	-33
5	B3	120.	23	9	27	6	1° 50'	359° 10'	24	6	-33
6	B4	120.	22	9	27	6	1° 50'	3° 30'	24	6	-33

图 4.3-3　节点加工表

节点加工表　　　　　　　　　　　　　　　　　　　表 4.3-1

```
* * * * * * * * * * * * * * * * * * * * * * * * * * * * * * * * * * * * * * * * * *
*   空间网架及网壳(NDST、XJDST、STADS—开发:王孟鸿)球加工表                    *
*            开发单位:北京建筑大学                                           *
* * * * * * * * * * * * * * * * * * * * * * * * * * * * * * * * * * * * * * * * * *


——————球号直径(件数)—球类号(加工孔数)—
-孔径   切削厚    竖向角度.分(′)     水平角度.分(′)-
————支托孔不切削,首孔水平角可以理解为起始零角——
————切削面=1(1:依螺栓,2:依球径,3:最优切削)—

———Q1D100(5 件)—A1(9 孔)——
+M20    4    90.0′     (−41.==0)
 M20    4    0.0′      14.20′
−M20    4    −46.15′   18.10′
 M20    4    0.0′      57.30′
−M20    4    −34.35′   46.25′
 M20    4    0.0′      43.35′
−M20    4    −36.10′   39.50′
 M20    4    0.0′      50.10′
−M20    4    −36.50′   49.
```

即使通过了节点归并,球节点数量仍然比较可观,为方便出图,本程序节点大小可以固定比例出图,如此出图大小节点不一,图形排列较乱。同时,程序提供了固定大小出图(如:直径=25mm),这样需要根据节点大小调整绘图比例,排列图形较为方便(图 4.3-4)。

在图纸的排列上,自动提供了 A0-A5 号图纸的球节点自动排列,为了方便放置图纸标签,最好一行少放 1～2 个球节点,并自动绘制图框(图 4.3-5)。

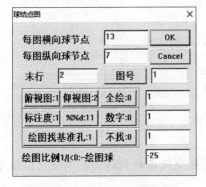

图 4.3-4　节点加工图对话框

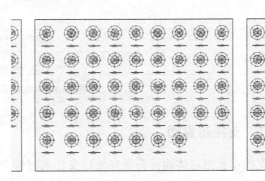

图 4.3-5　节点加工图

4.4　结构布置图

结构布置图（图 4.4-1）包括结构布置图（含构件和节点）、支托布置图和支座布置图。

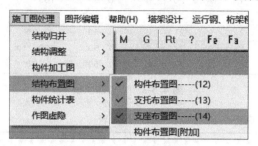

图 4.4-1　结构布置图菜单

4.4.1　结构布置图

需要着重说明的是节点和构件的编号问题，节点是以英文字母（ABC……）进行编号，其后是阿拉伯数字（123……），同一字母编号的节点说明直径和壁厚相同，而其后的阿拉伯数字则体现了不同的长度和配件。而杆件则正好相反，以阿拉伯数字开头，其后是英文字母，数字体现了同一种球直径，而后的数字则体现了加工螺栓孔直径和角度的不同。这样的编号主要是方便了安装工人在成千上万的构件中找到所需要的构件，同时对于数量最多的杆件和节点不予标注，在图名位置统一进行说明，如此，使得图面更加清晰（图 4.4-2）。

各种图层的选择、视图方向、倾斜角度和展开图的绘制大体与几何简图的绘制相同，使用者根据空间结构形状，合理选择图层和视图方向以及展开图的方式输出施工图。

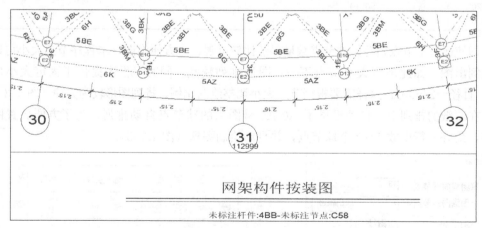

图 4.4-2　结构布置图

4.4.2　支托布置图

支托布置图总体而言需要在统计支托的时候合理控制支托顶板到球心的高度，以最小高度找平。

4.4.3　支座布置图

图 4.4-3 在支座验算（归并）阶段的支座锚栓可能种类较多，在此需要对支座进行归并。如果进行归并，则可以给出归并最小螺栓，默认：33、45、60、120（60 以上），意思是 3 以下的全部取值 33，大于 33 小于 45 的取值 45。以此类推，这样可以减小支座种类。

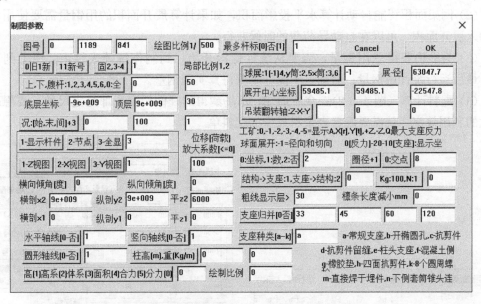

图 4.4-3　制图参数

对于常用的支座形式，制作了标准图集，并分为 a-n 类分别表示不同的支座形式（详见附录四），根据结构形式合理选择支座形式后，支座布置图中可以统计出各种球径支座的个数（图 4.4-4）。

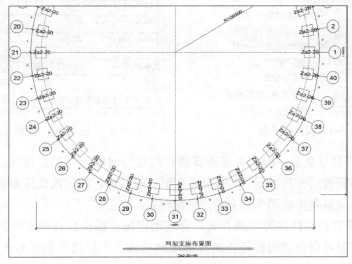

图 4.4-4　支座布置图

65

4.5　构件统计表

构建统计表（图 4.5-1）包括螺栓、套筒、紧钉、封板、锥头、节点、杆件、支托、支座和统计用钢量。

（1）根据图纸大小合理选择材料表换行。

（2）网架面积智能自动计算水平投影面积，如果计算展开面积的用钢量需要使用者自己输入展开面积，可以在自动导荷载的时候获得。

（3）为准确获得总用钢量，需要从统计螺栓开始，到制作统计表结束，由上到下执行，最后运行统计用钢量；否则，不能准确获得真实用钢量。

（4）配料计算（图 4.5-2）；众所周知，市场购得的杆件长度全部是定尺的，要想获得最优的利用效率，就需要配置剩余料最少的配料单。

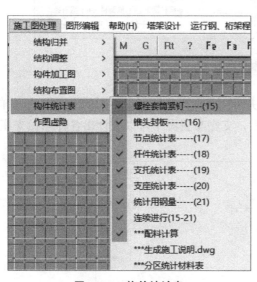

图 4.5-1　构件统计表

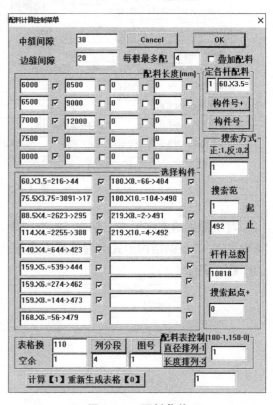

图 4.5-2　配料菜单

1）由于杆件数量众多，因此可能需要较长的运行时间，如果想加快运行速度，可以减小每一根标准杆件的配杆数量："每根最多配"的数值，或者改变搜索范围的起始杆件和终了杆件，如此就要生成两个以上的多个配料表。

2）使用者需要根据杆件的切割方式，合理确定每一标准杆件所需要留置的中缝间隙和边缝间隙，同时可以合理调整杆件的标准配料长度，可以通过构件号＋和构件号-来改变所调整的构件。

配料表示意如图 4.5-3 所示，程序同时提供配料表的文本文件：文件名 .TXT。

八配料表(中缝=30.边缝=20.;起始1-->终止299=杆件总数8155)													
料号	规格	料长	数量	余长	配杆1		配杆2		配杆3		总数	总长	利用率
		(mm)		(mm)	杆号	长度	杆号	长度	杆号	长度	(n)	(m)	
1	60.X3.5	6000	37	2	14:1P	2964	14:1P	2964					
2	60.X3.5	6000	3	29	11:1L	2931	16:1R	2970					
3	60.X3.5	6000	1	291	5:1E	2537	22:1X	3102					

图 4.5-3　配料表

4.6　作图虚隐

　　虚隐构件和节点（图 4.6-1），主要用来对复杂结构的分部输出施工图之用，通过暂时虚隐掉部分结构，以达到更加清晰的表达效果。同时，在建模阶段也可以用来控制部分构件的显示效果，使其更加方便于模型的局部修改和调整。

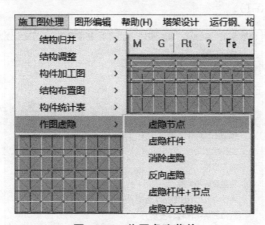

图 4.6-1　作图虚隐菜单

第5章 图形交换和输出

在本程序中原始数据后缀文件名以：文件名.DWJ 的后缀名定义，在屏幕上是以三维图形的方式显示，使用者通过"空格键"选择不同的显示层，通过"X、Y、Z"键选择视图方向，通过"上、下、左、右"键可以一定的倾角视图，同时配合功能条完成任意视图的处理。

在施工图阶段包括各种几何简图则全部是以文件名.DDT 的后缀名定义，并以平面图的方式显示和缩放，以"M"键回到模型显示方式。

图形编辑主要用来编辑处理 *.DDT 文件，并进而将 *.DDT 文件转换成 AUTOCAD 的 *.DXF 文件（图 5.0-1）。

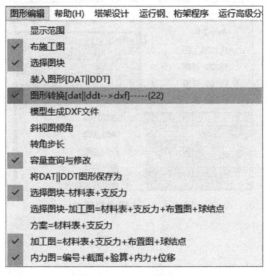

图 5.0-1　图形编辑菜单

（1）布置施工图与选择图块相配合，首先定义图面大小，其次选择图块并放置于图纸（屏幕）的合理位置，选择结束完成施工图的布置工作。各个图块名称注意在图块形成后全部显示于屏幕的右下角。

（2）图形转换和模型转换是指分别将后缀名 *.DDT 的文件转换成 AUTOCAD 的 *.DXF 文件，将结构模型：文件名.DWJ 后缀名文件转换成三维的 AUTOCAD 的 *.DXF 文件。

（3）斜视图倾角和转角步长是用来定义斜视图方向的，斜视图倾角可与人为定义某一视图方向，而转角步长则用来定义每按一次"上、下、左、右"键所转动的角度，默认转角步长为 10°。

（4）显示范围与容量查询修改功能：显示范围定义了显示全图时的空间范围大小，在保存模型图形时程序会自动确定最大范围，并在每边结构最大范围内各增加 1m。

原则上来说，本程序的处理容量范围无限，在此需要定义项目的最大容量（图 5.0-2），容量变化后需要存盘并重新打开原始文件，变化的容量方能生效。

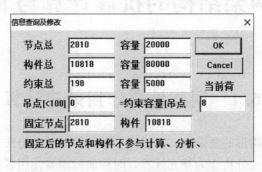

图 5.0-2　容量信息查询与修改

（5）自动生成方案图、加工图和内力图：布置施工图有时候很费时费力，本功能主要方便加快整理图形。

方案图一般配合连续归并和连续形成材料表功能使用，整理的方案图中包括：所有材料表和支座反力，足以满足方案阶段的要求。

加工图包括材料表、支座反力节点加工图和平面布置图（含结构、支托和支座），需要说明的是结构平面布置图为表达清晰，大部分会形成多个平面图，程序默认 draw0.ddt 文件，当有多个平面结构布置图时，需要使用者将图形名另存为 draw0-＊.ddt 文件，编号由小到大，这样有利于程序自动排列整理所有图块到同一个文件里，支托布置图做相同处理。

第6章 网架结构的抗震计算与非线性分析

6.1 网架地震作用效应计算

由于网架结构空间构形的复杂性，只适用于振型分解反应谱法进行地震效应计算，同时，程序提供了动力时程分析作为补充计算，时程曲线需要使用者根据相关规程规范合理选用，地震计算分析菜单如图6.1-1所示。计算过程按照菜单次序分4步进行，依次是：

（1）形成总体刚度矩阵和质量矩阵。

（2）子空间迭代调取雅可比法求解特征值和特征向量。

（3）根据各国规范确定地震反应谱，求解地震作用。

（4）求解地震效应，并将结构叠加到荷载效应内。

当然，上述四个步骤也可以通过连续计算，一次完成上述（1）～（4）步。在网架结构中，一般风荷载效应大于地震作用效应，地震荷载不起控制作用，因此，在结构优化阶段通常不考虑地震作用，加快计算优化效率，最后分步计算叠加地震作用存档。

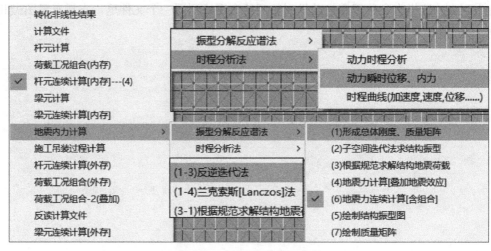

图6.1-1 地震计算分析菜单

6.1.1 振型分解反应谱法

振型分解反应谱计算方法包括：

（1）震动形态求解；

（2）地震作用确定；

（3）地震效应求解，三个步骤。

70

振型的求解参见相关动力学专著，本程序引用 K. J. Bather 的分析程序，采用子空间迭代方法和广义 Jacob 法相结合的方法求得有限振型的特征值和特征向量，即为振动响应的周期和振型。

在振型求解（特征值和特征向量）方法上程序同时提供了反逆迭代法和兰克索斯（Lanczos）方法，供使用者选择。

地震效应实则是在求得地震荷载（地震作用）后的内力计算问题。

地震计算参数控制对话框如图 6.1-2 所示，为了方便控制选择振型个数，运行结束提示使用者振型参与系数（图 6.1-3），用以调整选择振型个数。

在地震作用的确定方面，各个国家在反应谱取值上面差别则较大，本程序提供了：

(1) 中国标准：参照 GB 50011 和 JGJ 7—2010 执行。

(2) 欧洲标准：参照 EN 1998 执行。

(3) 美国标准：参照 ASCE 7-2010 执行。

(4) 阿尔及利亚标准：参照 RPA 99 执行

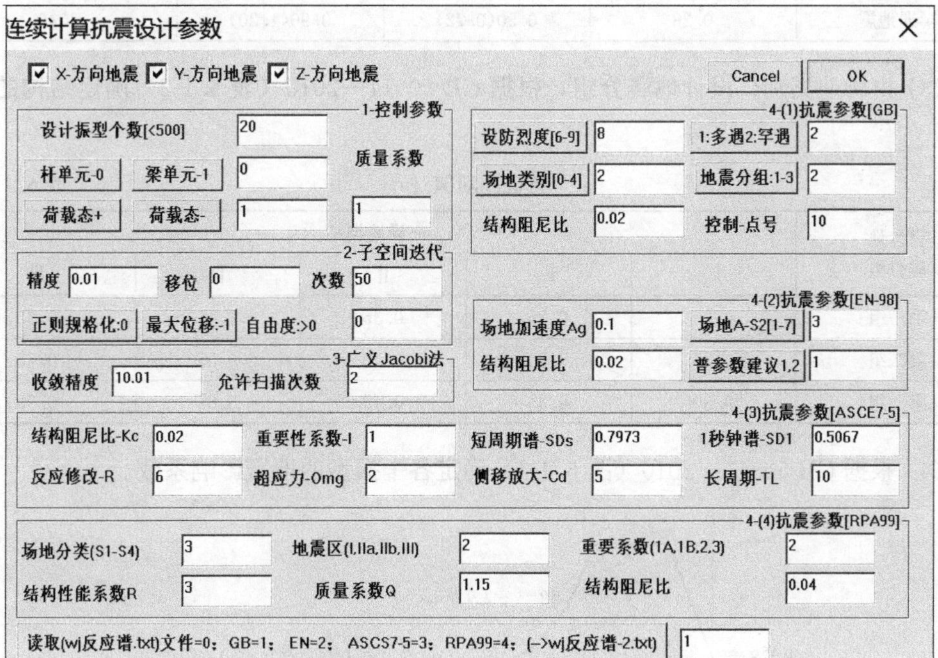

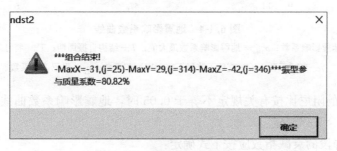

图 6.1-2　振型分解反应谱对话框

图 6.1-3　振型参与系数提示

（5）同时提供了直接读取地震反应谱文本的方式确定地震作用，同时该方法可以适用任意规范，只是需要按要求给出反应谱文本文件，文本文件以"周期—反应谱"两列的方式书写。

6.1.1.1 中国标准 GB 50011—2010

主要依据 JGJ 7—2010 和 GB 50011—2010 进行编程，计算流程如下：

（1）确定重力荷载代表值、振型个数，通过雅可比法和子空间迭代法求解结构前 n 个振型和周期，参照 Klaus-Jurgen Bathe，《Finite Element Procedures in Engineering Analysis》11 章、12 章的相关程序执行。

（2）由抗震设防烈度、地震影响，根据 GB 50011—2010（表 6.1-1）确定各个周期地震影响系数最大值。

水平地震影响系数最大值　　　　　　　　　　表 6.1-1

地震影响	6 度	7 度	8 度	9 度
多遇地震	0.04	0.08(0.12)	0.16(0.24)	0.32
罕遇地震	0.28	0.50(0.72)	0.90(1.20)	1.40

（3）由场地类别、设计地震分组，根据 GB 50011—2010（表 6.1-2）确定结构的特征周期。

特征周期值（s）　　　　　　　　　　表 6.1-2

设计地震分组	场地类别				
	I_0	I_1	II	III	IV
第一组	0.20	0.25	0.35	0.45	0.65
第二组	0.25	0.30	0.40	0.55	0.75
第三组	0.30	0.35	0.45	0.65	0.90

（4）根据 GB 50011—2010（图 6.1-4）确定各个振型的地震影响系数。

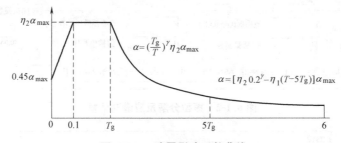

图 6.1-4　地震影响系数曲线

α—地震影响系数；α_{max}—地震影响系数最大值；T—结构自振周期；T_g—特征周期；
γ—衰减系数；η_1—直线下降段下降斜率调整系数；η_2—阻尼调整系数

当建筑结构的阻尼比按有关规定不等于 0.05 时，地震影响系数曲线的阻尼调整系数和形状参数应符合下列规定：

1）曲线下降段的衰减指数应按下式确定：

$$r = 0.9 + \frac{0.05 - \zeta}{0.3 + 6\zeta} \tag{6.1-1}$$

式中　r——曲线下降段的衰减指数；

　　　ζ——阻尼比。

2）直线下降段的下降斜率调整系数应按下式确定：

$$\eta_1 = 0.02 + \frac{(0.05 - \zeta)}{(4 + 32\zeta)} \tag{6.1-2}$$

式中　η_1——直线下降段的下降斜率调整系数，当小于 0 时，取 0。

3）阻尼调整系数应按下式确定：

$$\eta_2 = 1 + \frac{0.05 - \zeta}{0.08 + 1.6\zeta} \tag{6.1-3}$$

式中　η_2——阻尼调整系数，当小于 0.55 时，应取 0.55。

（5）根据 JGJ 7—2010 式（6.1-4）～式（6.1-6）计算各个振型的参与系数。

$$\gamma_{jx} = \sum_{i=1}^{n} X_{ji} G_i \Big/ \sum_{i=1}^{n} (X_{ji}^2 + Y_{ji}^2 + Z_{ji}^2) G_i \tag{6.1-4}$$

$$\gamma_{jy} = \sum_{i=1}^{n} Y_{ji} G_i \Big/ \sum_{i=1}^{n} (X_{ji}^2 + Y_{ji}^2 + Z_{ji}^2) G_i \tag{6.1-5}$$

$$\gamma_{jz} = \sum_{i=1}^{n} Z_{ji} G_i \Big/ \sum_{i=1}^{n} (X_{ji}^2 + Y_{ji}^2 + Z_{ji}^2) G_i \tag{6.1-6}$$

（6）根据 JGJ 7—2010 式（6.1-7）计算各个振型的地震作用。

$$\left. \begin{array}{l} F_{xji} = \alpha_j \gamma_{jx} X_{ji} G_i \\ F_{yji} = \alpha_j \gamma_{jy} Y_{ji} G_i \\ F_{zji} = \alpha_j \gamma_{jz} Z_{ji} G_i \end{array} \right\} \tag{6.1-7}$$

（7）根据 JGJ 7—2010 式（6.1-8）计算两个振型之间的耦联系数。

$$\rho_{jk} = \frac{8\xi_j \xi_k (1 + \lambda_T) \lambda_T^{1.5}}{(1 + \lambda_T^2)^2 + 4\xi_j \xi_k (1 + \lambda_T)^2 \lambda_T} \tag{6.1-8}$$

（8）根据 JGJ 7—2010 式（6.1-9）计算地震作用效应。

$$S_{Ek} = \sqrt{\sum_{j=1}^{m} \sum_{k=1}^{m} \rho_{jk} S_j S_k} \tag{6.1-9}$$

计算框图如图 6.1-5 所示。

6.1.1.2　欧洲标准

参照 EN 1998 的 3.2.2.2 节水平弹性反应谱和 3.2.2.3 节垂直弹性反应谱计算流程如下：

（1）根据建议的反应谱类型（1 或者 2），确定谱参数的 T_B、T_C 和 T_D 和土壤因子 S 值。时段 T_B、T_C 和 T_D 的值以及描述该时段的土壤因子 S，弹性反应谱的形状取决于地面类型。

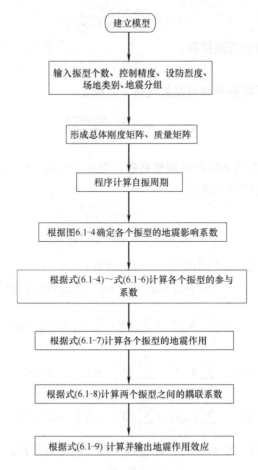

图 6.1-5　国标计算框图

　　规范附录中针对各国所使用的反应谱按照场地类别给出了 T_B、T_C、T_D 和 S 的具体值。若不考虑深层地质情况，常用的规范设计谱分为两类。若某场地的主震面波震级不大于 5.5，则建议采用 II 型设计谱。表 6.1-3 给出了五种场地类别所对应的 I 型弹性反应谱参数，表 6.1-4 给出了五种场地类别所对应的 II 型弹性反应谱参数。图 6.1-6 和图 6.1-7 给出了 5％阻尼比下的 I 型和 II 型正则化设计反应谱。若考虑地质因素，参考规范附录中给出的其他反应谱。

描述推荐的 I 型弹性反应谱的参数值　　　　　　　　　表 6.1-3

地面类型	S	T_B	T_C	T_D
A	1.0	0.05	0.25	1.2
B	1.35	0.05	0.25	1.2
C	1.5	0.10	0.25	1.2
D	1.8	0.10	0.30	1.2
E	1.6	0.05	0.25	1.2

描述推荐的 Ⅱ 型弹性反应谱的参数值　　　　　表 6.1-4

地面类型	S	T_B	T_C	T_D
A	1.0	0.15	0.4	2.0
B	1.2	0.15	0.5	2.0
C	1.15	0.20	0.6	2.0
D	1.35	0.20	0.8	2.0
E	1.4	0.15	0.5	2.0

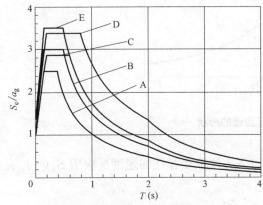

图 6.1-6　地面类型 A～E 的推荐 Ⅰ 型　　图 6.1-7　地面类型 A～E 的推荐 Ⅱ 型
弹性反应谱（5%阻尼）　　　　　　弹性反应谱（5%阻尼）

对于地面类型 S_1 和 S_2，特殊研究应提供相应的 S 值，及 T_B、T_C 和 T_D。

（2）阻尼校正因子 η 的值可以由下式确定：

$$\eta = \sqrt{10/(5+\xi)} \geqslant 0.55 \tag{6.1-10}$$

式中　ξ——结构的黏滞阻尼比，以百分比表示。

（3）对于特殊情况，如果使用不同于 5% 的黏滞阻尼比，则此值在 EN 1998 的相应部分中给出。

（4）对于地震作用的水平分量，弹性反应谱 $S_e(T)$ 由以下表达式定义（图 6.1-8）：

$$0 \leqslant T \leqslant T_B \quad S_e(T) = a_g \cdot S \cdot \left[1 + \frac{T}{T_B} \cdot (\eta \cdot 2.5 - 1)\right] \tag{6.1-11}$$

$$T_B \leqslant T \leqslant T_C \quad S_e(T) = a_g \cdot S \cdot \eta \cdot 2.5 \tag{6.1-12}$$

$$T_C \leqslant T \leqslant T_D \quad S_e(T) = a_s \cdot S \cdot \eta \cdot 2.5 \left[\frac{T_C}{T}\right] \tag{6.1-13}$$

$$T_D \leqslant T \leqslant 4s \quad S_e(T) = a_g \cdot S \cdot \eta \cdot 2.5 \left[\frac{T_C T_D}{T^2}\right] \tag{6.1-14}$$

式中　$S_e(T)$——弹性反应谱；

$\quad\quad\ T$——线性单自由度系统的振动周期；

$\quad\quad\ a_g$——A 型地面上的设计地面加速度 $a_g (= \gamma_1 \cdot a_{gR})$；

$\quad\quad\ T_B$——恒定频谱加速度分支周期的下限；

T_C——恒定频谱加速度分支周期的上限；

T_D——定义定位移反应范围的开始的频谱；

S——土壤因子；

η——阻尼校正因子，对于 5% 黏度，参考值 $\eta=1$，见本条（3）。

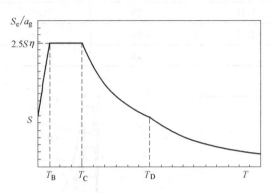

图 6.1-8 弹性反应谱的形状

（5）弹性位移反应谱 $S_{De}(T)$ 应通过使用以下方法改变弹性加速度反应谱 $S_e(T)$ 直接获得：

$$S_{De}(T)=S_e(T)\left[\frac{T}{2\pi}\right]^2 \tag{6.1-15}$$

（6）表达式（6.1-15）通常适用于振动周期小于 4.0s 的结构，对于振动周期大于 4.0s 的结构，需要另行考虑。

注释 1 中所提到的 I 型弹性反应谱在规范附录 A 中是以位移反应谱的形式给出。周期超过 4s 的弹性加速度反应谱可以从弹性位移反应谱表达式（6.1-15）中导出。

（7）垂直弹性反应谱：

地震作用的垂直分量应用弹性表示反应谱 $S_{ve}(T)$，使用表达式（6.1-16）~式（6.1-19）导出。

$$0\leqslant T\leqslant T_B \quad S_{ve}(T)=a_{vg}\cdot\left[1+\frac{T}{T_B}(\eta\cdot 3.0-1)\right] \tag{6.1-16}$$

$$T_B\leqslant T\leqslant T_C \quad S_{ve}(T)=a_{vg}\cdot\eta\cdot 3.0 \tag{6.1-17}$$

$$T_C\leqslant T\leqslant T_D \quad S_{ve}(T)=a_{vg}\cdot\eta\cdot 3.0\left[\frac{T_C}{T}\right] \tag{6.1-18}$$

$$T_D\leqslant T\leqslant 4s \quad S_{ve}(T)=a_{vg}\cdot\eta\cdot 3.0\left[\frac{T_C T_D}{T^2}\right] \tag{6.1-19}$$

规范附录中针对各国所使用的竖向反应谱按照场地类别给出了 T_B、T_C、T_D 和 a_{vg} 的具体值。常用的竖向规范设计谱分为两类。考虑地震作用的水平分量，若某场地的主震面波震级不大于 5.5，则建议采用 II 型设计谱。表 6.1-5 给出了五种场地类别所对应的竖向弹性反应谱参数，表中数据不适用于场地类别为 S_1 和 S_2 的竖向反应谱。

描述垂直弹性反应谱的参数的推荐值　　　　　　　　　表 6.1-5

反应谱	a_{vg}/a_g	T_B	T_C	T_D
类型 I	0.90	0.05	0.15	1.0
类型 II	0.45	0.05	0.15	1.0

弹性反应谱计算过程程序框图执行如图 6.1-9 所示。

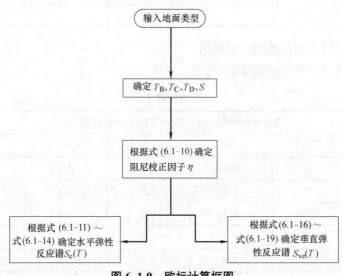

图 6.1-9　欧标计算框图

6.1.1.3　美国标准

参照 ASCE 7—2010 的 11.4 节地震位移值计算流程如下：

（1）确定场地类别。按照 11.4.2 节执行，根据场地土壤性质，场地应按照以下方式分类为 A、B、C、D、E 或 F 类，并参考第 20 章相关图形。当没有足够的细节通过土壤属性来确定场地类型时，应分为 D 类场地，除非有管辖权或岩土工程数据确定现场有 E 级或 F 级土壤。

（2）确定场地短周期参数 S_s 和 1s 场地参数 S_1。按照 11.4.1 节执行，映射的加速度参数 S_s 和 S_1 应由显示的 0.2s 和 1s 反应谱加速度确定，对于 S_s 对应图 22-1、图 22-3、图 22-5 和图 22-6 确定，S_1 对应图 22-1、图 22-3、图 22-5 和图 22-6 确定，其中 S_1 小于或等于 0.04 且 S_s 小于或等于 0.15，允许分配给抗震设计 A 类，并且只需要遵守第 11.7 节。

用户注意：映射的电子显示值加速度参数和其他抗震设计参数，在 USGS 网站上提供 http：//earthquake.usgs.gov/designmaps，或者通过搜索如下 SEI 网站：http：//content.seinstitute.org 查找。

（3）按照表 6.1-6 确定场地参数 F_a。

场地系数 F_a　　　　　　　　　　　　　表 6.1-6

	考虑最大地震的反应谱反应加速度的短期参数 F_a				
场地类型	$S_s \leqslant 0.25$	$S_s = 0.5$	$S_s = 0.75$	$S_s = 1.0$	$S_s \geqslant 1.25$
A	0.8	0.8	0.8	0.8	0.8

场地类型	$S_s \leq 0.25$	$S_s = 0.5$	$S_s = 0.75$	$S_s = 1.0$	$S_s \geq 1.25$
B	1.0	1.0	1.0	1.0	1.0
C	1.2	1.2	1.1	1.0	1.0
D	1.6	1.4	1.2	1.1	1.0
E	2.5	1.7	1.2	1.1	1.0
F	见 11.4.7 节				

注意：对 S_s 的中间值使用直线插值。

（4）按照表 6.1-7 确定场地参数 F_v。

场地系数 F_v　　　　　　　　　　　　　　　　　　　表 6.1-7

考虑最大地震的反应谱反应加速度 1s 时的参数 F_v					
场地类型	$S_s \leq 0.1$	$S_s = 0.2$	$S_s = 0.3$	$S_s = 0.4$	$S_s \geq 0.5$
A	0.8	0.8	0.8	0.8	0.8
B	1.0	1.0	1.0	1.0	1.0
C	1.7	1.6	1.5	1.4	1.3
D	2.4	2.0	1.8	1.6	1.5
E	3.5	3.2	2.8	2.4	2.4
F	见 11.4.7 节				

注意：对 S_1 的中间值使用直线插值。

（5）按照 11.4.3 节确定短期（S_{MS}）和 1s（S_{M1}）的参数：场地系数和考虑最大地震时目标反应谱加速度参数，考虑最大地震反应谱加速度参数，短期（S_{MS}）和 1s 时（S_{M1}）的参数，应根据场地类别效果进行调整并由等式（6.1-20）和式（6.1-21）确定。

$$S_{MS} = F_a S_s \tag{6.1-20}$$

$$S_{M1} = F_v S_1 \tag{6.1-21}$$

式中　S_s——映射的考虑最大地震的反应谱反应加速度的短期参数，根据第 11.4.1 节确定；

　　　S_1——映射的考虑最大地震的反应谱反应加速度的 1s 时的参数，按照第 11.4.1 节确定。

其中场地系数 F_a 和 F_v 分别在表 11.4-1 和表 11.4-2 中定义，简化的地方使用第 12.14 节的设计程序，F_a 值应按照 12.14.8.1 章节确定，F_v、S_{MS} 和 S_{M1} 的值不需要确定。

（6）按照 11.4.4 节确定设计反应谱加速度参数，短期参数 S_{DS} 和 1s 时的参数 S_{D1}，分别由式（6.1-22）和式（6.1-23）确定。替代简化设计的地方使用 12.14 节的程序，S_{DS} 值应按照 12.14.8.1 确定，而 S_{D1} 的值不需要确定。

$$S_{DS} = \frac{2}{3} S_{MS} \tag{6.1-22}$$

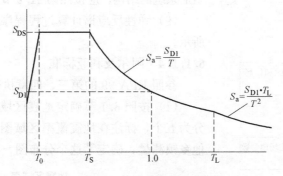

图 6.1-10　弹性反应谱

$$S_{D1} = \frac{2}{3} S_{M1} \tag{6.1-23}$$

（7）按照 11.4.5 节确定设计反应谱，如果本标准要求设计反应谱，不使用现场特定的地面运动程序，则应按图 6.1-10 所示设计反应谱曲线。

① 对于小于 T_0 的周期，设计频谱反应加速度 S_a 应采用：

$$S_a = S_{DS}\left(0.4 + 0.6\frac{T}{T_0}\right) \tag{6.1-24}$$

② 对于大于或等于 T_0 且更小的时段设计频谱反应大于或等于 T_S，加速度 S_a 应等于 S_{DS}。对于大于 T_S 且小于或等于 T_L 的周期，设计频谱反应加速度 S_a 应取自式（6.1-25）。

$$S_a = \frac{S_{D1}}{T} \tag{6.1-25}$$

③ 对于大于 T_L 的时段，S_a 应取为：

$$S_a = \frac{S_{D1} T_L}{T^2} \tag{6.1-26}$$

式中　S_{DS}——设计频谱反应加速度的短期参数；

　　　S_{D1}——设计频谱反应加速度在 1s 期间的参数；

　　　T——结构的基本周期；

　　　$T_0 = 0.2\dfrac{S_{D1}}{S_{Ds}}$；

　　　$T_s = \dfrac{S_{D1}}{S_{Ds}}$；

　　　T_L——显示的长周期过渡期，由图 22-12～图 22-16 确定。

（8）两点说明：

① 11.4.6 节，考虑风险目标的最大值（MCE R）反应谱，在需要 MCE R 反应谱的地方，应通过设计反应谱乘以 1.5 来确定。

② 11.4.7 节，特定场地地面运动程序，允许使用第 21 章中规定的现场特定地面运动程序来确定任何结构的地面运动。除非第 20.3.1 节的例外情况，否则应按照第 21.1 节对现场 F 类场地的结构进行现场响应分析。对于地震隔离结构和在 S_1 大于或等于 0.6 的场地上具有

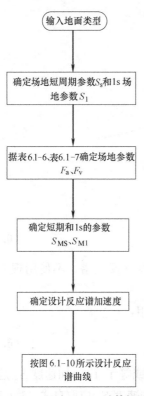

图 6.1-11　美标 ASCE 计算框图

阻尼系统的结构，应按照第 21.2 节进行地面运动分析。

（9）弹性反应谱计算过程程序框图执行如图 6.1-11 所示。

6.1.1.4　阿尔及利亚标准

参照 RPA 99 的第三、四章执行，计算流程如下：

（1）按照 3.1 节确定地震区域：本国的地震高发区分为五个，标注在地震概率区域图上，通过在大区和其他乡镇测量，确定了这个分布图，见表 6.1-8。

地震区域表	表 6.1-8
0 区	地震概率可忽略不计
1 区	地震概率小
Ⅱa 和 Ⅱb	地震概率一般
Ⅲ区	地震概率高

图 6.1-12 说明了阿尔及利亚和不同大区的地震区域图，附件 1 是大区和各乡镇的地震类别（在把大区分成不同的几个地震区的情况下）。

（2）依照 3.2 节确定结构重要性分类

1A 组：非常重要的工程

非常重要的工程指强烈地震后，应该能够使用并可以满足地区完整、公共安全和国防的需要：

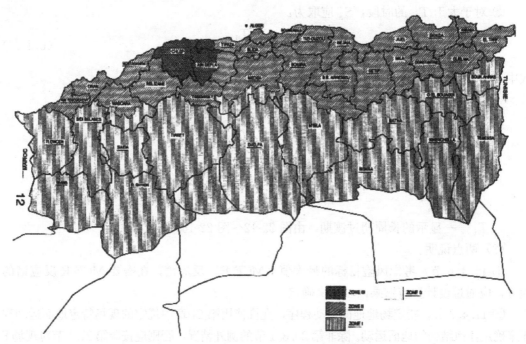

图 6.1-12　阿尔及利亚和不同大区的地震区域图

- 决策中心建筑。
- 可以保护人、救援材科或国防机构建筑，如：消防队、公安局、军营、兵器库和急救车辆库。
- 公众健康机构建筑如医院、急救配置中心、普外科和产科中心。
- 公共联络机构建筑，如电信、信息传播和接收中心（收音机和电规）、无线电中继站、机场指挥塔和航运指挥塔。
- 大型饮用水生产和储存基地。
- 国家非常重要的文化或历史场馆。
- 国家重点能源生产和分配中心。
- 在地震期间，仍保持运作的行政或其他建筑。

1B 组：重要工程

① 大量人群经常聚集的地方：

- 能同时容纳 300 人以上的公共建筑，如办公大楼、工业商用大楼、学校、体育、文化建筑、养老院和大型宾馆。
- 集体宿舍或写字楼，其高度超过 48m。

② 国家社会、文化、经济重点设施：

- 图书馆或地区档案馆、博物馆等。
- 1A 组除外的卫生机构设施。
- 1A 组除外的能源生产分配中心。
- 比较重要的水塔和水库。

2 组：比较重要的常用工程

没有列入 1A、1B 或 3 组的工程，如：

- 集体宿舍或写字楼高度不超过 48m。
- 同时最多容纳 300 人的建筑，如写字楼、工业用大楼。
- 公共停车场。

3 组：普通工程

- 普通的公用或民用建筑。
- 避难所。
- 临时建筑。

（3）依据 3.3 节确定场地土类别

根据土壤受力特性、场地分四类（表 6.1-9）：

S_1 类（岩石性场地）：岩石或剪应力波平均速度 $v_s \geqslant 800\text{m/s}$ 情况下形成的地质土壤。

S_2 类（坚固场地）：砂粒和砾石丰富或特别坚固的黏土矿床，$v_s \geqslant 400\text{m/s}$，厚度 1～20m，深度至少 10m。

S_3 类（疏松场地）：沉积中等密度的砂岩和砾石或中等陡峭的黏土，$v_s \geqslant 200\text{m/s}$，深度至少 10m。

S_4 类（特别疏松的场地）：有松散的砂沉积物或没有软黏土层前 20m，$v_s < 200\text{m/s}$；软黏土沉积到适度陡峭的地方，前 20m 内 $v_s < 200\text{m/s}$。

现场分类 表 6.1-9

类别	说明	q_c	N	P_1	E_P	q_c	v_s
S_1	岩石性质	—	—	>5	>100	>10	>800
S_2	坚固	>15	>50	>2	>20	>0.4	400～800
S_3	疏松	1.5～15	10～50	1～2	5～20	0.1～0.4	200～400
S_4	特别疏松软黏土	<1.5	<10	<1	<5	<0.1	100～200

岩石剪切波速的值应在现场测量或在岩石变化很小的情况下估算。如果未测量 v_s，则可将投标或高度风化的岩石归类为 S_2 类，如果岩石表面与浅层浅表面基础之间的土壤超过 3m，则不能将该地点归类为 S_1 类。

（4）依据 3.4 节确定结构支撑系统的分类：（见第 99 条修正案和附加条款）

结构系统分类的目标在计算的规则和方法中，通过对该分类的每个类别的归属，行为系数 R 的数值见表 6.1-10。

结构系统的分类考虑了它们的可靠性和它们相对于地震作用的能量耗散能力，并且根据构成材料的性质确定相应的行为系数、结构类型和结构中力的重新分布和后弹性域中元素的变形能力。

这些规则中使用的支撑系统分为以下几类：

A. 钢筋混凝土结构

1a. 没有坚固砖石作填料的钢筋混凝土自调节龙门架。

这种只由龙门架组成的框架能够承受垂直和水平负载产生的应力总和。对于这一类，填料部件不应使龙门架产生变形（非连续性隔板或轻隔板其连接不会使龙门架变形）。

B. 钢结构

7. 延展性自稳定龙门架支撑的框架。

这个框架承担整个垂直负载，延展性自调节龙门架本身承受整个水平负载，根据 8.2 节的条款对这些框架或框架进行设计、计算、施工。

8. 普通自稳定龙门架加固的框架。

整个框架承担全部的垂直负载，龙门架或框架在满足 8.3 所说的要求之前，本身要承担整个水平负载。

使用这个系统的所有建筑物的高度不超过 5 层或者 17m。

注：上面 7.8 所说的加固系统假设框架填料是轻型部件并与结构系统紧密结合，不会使框架产生位移。

9. 同心三角形排桩加固的框架。

所有框架承担整个垂直负载，排桩承受整个水平负载。同心三角形排桩应该符合 8.4 节的条款。使用本加固系统的建筑物高度应该限定在 10 层或 33m 内。在这类加固系统中，又分为两小类，即 X 形排桩和 V 形排桩（K 形排桩除外）。

9a. X 形三角排桩加固的框架系统。

在这种系统中，对于一个排桩交接点来说，对角线、梁和柱子的轴都集中在交接中心的一个点上。

在这个系统中，对于一个排桩的所有对角线来说，只有排桩在地震时会具有抗震作用和分散能量的特性。

9b. V 形三角排桩加固的框架系统。

在这个系统中，每个排桩的梁都是连续的，排桩对角线轴的相互作用点在梁的轴上。地震时排桩的抗震作用和分散能力是因拉直的对角线和压缩对角线共同作用而产生的。

10. 有组合加强版的框架。

在这种情况下，加强板排桩应承受垂直负载产生的最多 20% 的应力。组合加强板就是选择前面提到的其中两种。包括龙门架或延展性自调节框架，X 形三角排桩、V 形三角排桩或接近 V 形的排桩（两个斜桩系统），整个框架承受全部垂直负载，组合风撑（框架＋排桩）承担整个水平负载。计算框架排桩以便于承受各斜度分担的水平力，还要考虑各层的相互作用。延展性自调节框架应至少承担总水平力的 25%。这一类有关加强板的条款在8.5 段中有详细叙述。

10a. 由延展性框架和 X 形排桩加固的框架系统。

在这一系统中，组合加强板是由延展性自调节框架和 X 形同心三角排桩组成。

10b. 由延展性框架和 V 形排桩加固的框架系统。

在这一系统中，组合支撑是由延展性自调节框架和 V 形同心三角排桩组成。

11. 垂直托架龙门架

这种低度超静定结构系统主要涉及具有刚性横杆的传统单层门架，以及"管"形细长结构，其中抗性元件基本上位于结构周边。这些特殊结构在柱子的端部有分散能量的特性。

（5）依据表 6.1-10 确定结构整体性能系数 R

根据支撑系统 3.4 节的说明，表 6.1-10 提供了唯一的值。在两个方向上使用不同的支撑系统，对于系数 R 来说，选择最小值。

结构整体性能系数 R　　　　　　　　　　　　表 6.1-10

类别	支撑系统说明（见 3.4 第 11 章）	R
A	混凝土	
1a	砖石自稳定龙门架没有填料	5
1b	砖石自稳定龙门架没有填料	3.5
2	承重腹板	3.5
3	管子	3.5
4a	组合龙门架/腹板有相互作用	5
4b	腹板加固的龙门架	4
5	大块的垂直支架	2
6	倒转的摆型框架	2
B	钢	
7	延展性自稳定龙门架	6
8	普通自稳定龙门架	4
9a	X 形三角排架加固的框架	4
9b	V 形三角排架加固的框架	3
10a	组合龙门架/X 形三角排架	5
10b	组合龙门架/V 形三角排架	4
11	垂直托架龙门架	2
C	砖混	
12	砖混加有石块带层	2.5

续表

类别	支撑系统说明(见 3.4 第 11 章)	R
D	其他系统	
13	隔墙加固的金属框架	2
14	混凝土柱加固的金属框架	3
15	混凝土腹板加固的金属框架	3.5
16	组合支撑加固的金属框架:一个混凝土柱,排架或正面为金属龙门架	4
17	透明系统(灵活层)	2

(6) 确定质量系数 Q

结构的质量系数依据是:

1) 各部件的多余度和几何尺寸;

2) 平面和正视图的规律;

3) 建筑监督的质量 Q 值是由下式决定的:

$$Q = 1 + \sum_{1}^{5} P_q \qquad (6.1\text{-}27)$$

式中　P_q——根据质量"q"标准是否合格来判断差异,其数值见表 6.1-11。确定质量"q"标准是:

① 支撑系统的最低条件,龙门架系统:龙门架的每一排,在每一层都应该至少有三个横梁,其承重比不超过 1.5。龙门架的横梁可以由支撑腹板组成。腹板系统:每一层腹板的每一排都应该有至少一个窗"层高"与宽度比小于或等于 0.67,或两个窗间墙与"层高"与宽度比小于或等于 1.0。这些窗间墙占有整个层高,不应该有门窗预留口或其他洞孔,否则会降低建筑物的抗震力和坚固性。

② 每个楼层必须在平面图中沿施加的侧向力的方向,腹板的每一排应至少有 4 行龙门架/腹板。这些支撑应该是对称的,最大与最小间距比尽量不超过 1.5。

③ 平面规律性,结构分类在平面上是规律的。

④ 正视图规律性,结构分类在正视图上是规律的。

⑤ 材料质量检查的系列实验应在工厂进行。

⑥ 施工质量的监督,提前以合同的形式约定对现场工作进行检查,正常情况下包括对材料的实验监督。

<table>
<tr><td colspan="3" align="center">损耗系数 P_q</td><td align="right">表 6.1-11</td></tr>
<tr><td rowspan="2">标准 q</td><td colspan="2" align="center">P_q</td></tr>
<tr><td align="center">观察到的</td><td align="center">N/观察到的</td></tr>
<tr><td>支撑的最低条件</td><td align="center">0</td><td align="center">0.05</td></tr>
<tr><td>平面上的多余度</td><td align="center">0</td><td align="center">0.05</td></tr>
<tr><td>平面上的规律性</td><td align="center">0</td><td align="center">0.05</td></tr>
<tr><td>正视图的规律性</td><td align="center">0</td><td align="center">0.05</td></tr>
<tr><td>材料质量的检查</td><td align="center">0</td><td align="center">0.05</td></tr>
<tr><td>施工质量的检查</td><td align="center">0</td><td align="center">0.10</td></tr>
</table>

（7）表 6.1-12 确定加速度系数

加速度系数 *A*　　　　　　　　　　　　　　　　　　　表 6.1-12

用途组	分　区			
	Ⅰ	Ⅱa	Ⅱb	Ⅲ
1A	0.15	0.25	0.30	0.40
1B	0.12	0.20	0.25	0.30
2	0.10	0.15	0.20	0.25
3	0.07	0.10	0.14	0.18

（8）依据表 6.1-13 确定阻尼系数

阻尼系数 *ξ*（%）　　　　　　　　　　　　　　　　　　表 6.1-13

填料	龙门架		腹板或墙
	混凝土	钢	混凝土/砖石
轻型	6	4	10
密度大型	7	5	—

（9）按照式（6.1-28）计算反应谱

根据计算反应谱来计算地震作用的大小：

$$\frac{S_a}{g}=\begin{cases} 1.25A\left(1+\dfrac{T}{T_1}\left(2.5\eta\dfrac{Q}{R}-1\right)\right) & 0\leqslant T\leqslant T_1 \\[2mm] 2.5\eta(1.25A)\left(\dfrac{Q}{R}\right) & T_1\leqslant T\leqslant T_2 \\[2mm] 2.5\eta(1.25A)\left(\dfrac{Q}{R}\right)\left(\dfrac{T_2}{T}\right)^{2/3} & T_2\leqslant T\leqslant 3.0\text{s} \\[2mm] 2.5\eta(1.25A)\left(\dfrac{T_2}{3}\right)^{2/3}\left(\dfrac{3}{T}\right)^{5/3}\left(\dfrac{Q}{R}\right) & T>3.0\text{s} \end{cases} \qquad (6.1\text{-}28)$$

式中　*A*——加速度系数（表 6.1-12）。

　　　η——阻尼比（当阻尼系数 5%的差异时），$\eta=\sqrt{7/2+\xi}\geqslant0.7$

　　　ξ——阻尼系数数（表 6.1-13）。

　　　R——结构整体性能系数（表 6.1-10）。

　*T*₁、*T*₂——与现场种类相关的代表性周期（表 6.1-14）。

　　　Q——质量系数（表 6.1-11）。

*T*₁ 和 *T*₂ 的值　　　　　　　　　　　　　　　　　　表 6.1-14

现场(s)	S_1	S_2	S_3	S_4
T_1	0.15	0.15	0.15	0.15
T_2	0.30	0.40	0.50	0.70

　　在确定 *Q* 值时，要考虑到模型已经涉及了平面和正面的不规则性，此外，在三维分析法的情况下，有必要把根据两个正交方向计算出的最大损耗值作为 *Q* 的值。要计算地

震作用的大小，在所有方向上应施加地震作用，应该是垂直方向，并且考虑建筑物的平面结构。对于沿两个正交方向有支撑部件的结构，这两个方向也就是作用方向。

（10）RAP 反应谱计算过程程序框图执行如图 6.1-13 所示。

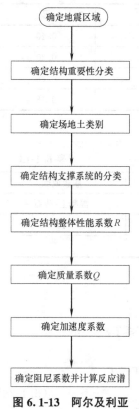

图 6.1-13　阿尔及利亚标准计算框图

流程框图内容：
确定地震区域 → 确定结构重要性分类 → 确定场地土类别 → 确定结构支撑系统的分类 → 确定结构整体性能系数 R → 确定质量系数 Q → 确定加速度系数 → 确定阻尼系数并计算反应谱

上述各国反应谱的计算方法各不相同，但是，其计算方法和反应谱形状较为相近。

在重力荷载代表值（质量）方面，活荷载的分项系数略有不同，详见相关规范，各个振型地震作用效应的合成考虑了各振型的耦联作用。

6.1.2　时程分析方法的补充计算

时程分析方法的关键在于地震波的选取，《建筑抗震设计规范》GB 50011 第 5.1.2 条对于时程分析做了较为详细的规定：

特别不规则的建筑、甲类建筑和表 6.1-15 所列高度范围的高层建筑，应采用时程分析法进行多遇地震下的补充计算，可取多条时程曲线计算结果的平均值与振型分解反应谱法计算结果的较大值。

同时，采用时程分析法时，应按建筑场地类别和设计地震分组选用不少于两组的实际强震记录和一组人工模拟的加速度时程曲线，其平均地震影响系数曲线应与振型分解反应谱法所采用的地震影响系数曲线在统计意义上相符，其加速度时程的最大值可按表 6.1-16 采用。弹性时程分析时，每条时程曲线计算所得结构底部剪力不应小于振型分解反应谱法计算结果的 65%，多条时程曲线计算所得结构底部剪力的平均值不应小于振型分解反应谱法计算结果的 80%。

采用时程分析的房屋高度范围　　　　　　　　　　　　　　　　　表 6.1-15

烈度、场地类别	房屋高度范围(m)
8 度Ⅰ、Ⅱ类场地和 7 度	＞100
8 度Ⅲ、Ⅳ类场地	＞80
9 度	＞60

时程分析所用地震加速度时程曲线的最大值（cm/s^2）　　　　　表 6.1-16

地震影响	6 度	7 度	8 度	9 度
多遇地震	18	35(55)	70(110)	140
罕遇地震	—	220(310)	400(510)	620

同时，对于地震波的峰值加速度也做出了表 6.1-16 的规定，提醒使用者：（1）合理选择地震加速度时程记录；（2）调整加速度曲线的最大值满足表 6.1-16 的规定；（3）合理使用时程分析的计算结果。

时程分析法实际是由数值积分法发展而来的，是对非线性增量动力平衡方程：

$$[M]\delta\{\ddot{u}\}+[C]\delta\{\dot{u}\}+[K^t]\delta\{u\}=\delta\{f\} \tag{6.1-29}$$

直接利用数值积分法，将动力方程在时间域上离散，根据初始条件，求得在一系列离散时刻上的响应值，获得整个时间域上的振动响应时程，通过结构的位移响应进而求得任意时刻结构在时域上的内力，不但适用于线性结构，更广泛地应用于非线性系统的动力分析。

常用的算法有：线性加速度法、Wilson-θ 法、Newmark 法等，对于非线性系统本文采用增量法。

6.1.2.1　Wilson-θ 法

该法是在线性加速度法基础上的推广，首先将时间延长至更长的时间区间（t，$t+\theta\Delta t$）内，加速度保持线性变化，然后返回求解 t，$t+\Delta t$ 的增量参数，已经证明：在 $\theta\geqslant 1.37$ 时，该法是无条件收敛的。

加速度表达式为：

$$\{\ddot{u}\}_{t+\tau}=\{\ddot{u}\}_t+\tau\{\dot{a}\} \tag{6.1-30}$$

其中：

$$\{\dot{a}\}=(\{\ddot{u}\}_{t+\theta\tau}-\{\ddot{u}\}_t)/(\theta\Delta t) \tag{6.1-31}$$

对式（6.1-30）在 $0\leqslant\tau\leqslant\theta\Delta t$ 区间内进行积分得到如式（6.1-32）、式（6.1-33）速度和位移的表达式：

$$\{\dot{u}\}_{t+\tau}-\{\dot{u}\}_t=\{\ddot{u}\}_t\tau+\frac{\tau^2}{2\theta\Delta t}(\{\ddot{u}\}_{t+\theta\Delta t}-\{\ddot{u}\}_t) \tag{6.1-32}$$

$$\{u\}_{t+\tau}-\{u\}_t=\{\dot{u}\}_t\tau+\frac{1}{2}\{\ddot{u}\}_t\tau^2+\frac{\tau^3}{6\theta\Delta t}(\{\ddot{u}\}_{t+\theta\Delta t}-\{\ddot{u}\}_t) \tag{6.1-33}$$

令：$\tau=\theta\Delta t$，上面两式转化为：

$$\delta\{\dot{u}\}_{t+\theta\Delta t}=\{\ddot{u}\}_t\theta\Delta t+\frac{\theta\Delta t}{2}\delta\{\ddot{u}\}_{t+\theta\Delta t} \tag{6.1-34}$$

$$\delta\{u\}_{t+\theta\Delta t}=\{\dot{u}\}_t\theta\Delta t+\frac{1}{2}\{\ddot{u}\}_t\theta^2\Delta t^2+\frac{\theta^2\Delta t^2}{6}\delta\{\ddot{u}\}_{t+\theta\Delta t} \tag{6.1-35}$$

整理上式，得 $t+\theta\Delta t$ 时刻的加速度增量和速度增量：

$$\delta\{\ddot{u}\}_{t+\theta\Delta t}=\frac{6}{\theta^2\Delta t^2}\delta\{u\}_{t+\theta\Delta t}-\frac{6}{\theta\Delta t}\{\dot{u}\}_t-3\{\ddot{u}\}_t \tag{6.1-36}$$

$$\delta\{\dot{u}\}_{t+\theta\Delta t}=\frac{3}{\theta\Delta t}\delta\{u\}_{t+\theta\Delta t}-3\{\dot{u}\}_t-\frac{\theta\Delta t}{2}\{\ddot{u}\}_t \tag{6.1-37}$$

将式（6.1-36）、式（6.1-37）代入增量平衡方程式（6.1-29）得到等效刚度方程：

$$[\overline{K}]\delta\{u\}_{t+\theta\Delta t}=\delta\{\overline{f}\}_{t+\theta\Delta t} \tag{6.1-38}$$

其中：

$$[\overline{K}]=[K^t]+\frac{6}{\theta^2\Delta t^2}[M]+\frac{3}{\theta\Delta t}[C] \tag{6.1-39}$$

$$\delta\{\overline{f}\}_{t+\theta\Delta t}=\theta\delta\{f\}+[M](\frac{6}{\theta\Delta t}\{\dot{u}\}_t+3\{\ddot{u}\}_t)+[C](3\{\dot{u}\}_t+\frac{\theta\Delta t}{2}\{\ddot{u}\}_t) \quad (6.1\text{-}40)$$

将 $\delta\{u\}_{t+\theta\Delta t}$ 代入式 (6.1-36)，即可以得到 $\delta\{\ddot{u}\}_{t+\theta\Delta t}$。取 $\tau=\Delta t$，并将式 (6.1-36) 代入式 (6.1-37) 得：

$$\delta\{\ddot{u}\}_{t+\Delta t}=\frac{6}{\theta^3\Delta t^2}\delta\{u\}_{t+\theta\Delta t}-\frac{6}{\theta^2\Delta t}\{\dot{u}\}_t-\frac{3}{\theta}\{\ddot{u}\}_t \quad (6.1\text{-}41)$$

将式 (6.1-30) 代入式 (6.1-32)、式 (6.1-33)，并取 $\tau=\Delta t$，有：

$$\delta\{\dot{u}\}_{t+\Delta t}=\Delta t\{\ddot{u}\}_t+\frac{\Delta t}{2}\delta\{\ddot{u}\}_t \quad (6.1\text{-}42)$$

$$\delta\{u\}_{t+\Delta t}=\Delta t\{\dot{u}\}_t+\frac{\Delta t^2}{2}\{\ddot{u}\}_t+\frac{\Delta t^2}{6}\delta\{\ddot{u}\}_{t+\Delta t} \quad (6.1\text{-}43)$$

以上是以增量平衡方程的形式推导的，因为在非线性稳定分析中，采用 UL 列式，动力平衡方程是以增量形式表示的，方便了非线性分析。

综上所述，Wilson-θ 法的求解步骤如下：

（1）对方程：

$$[M]\delta\{\ddot{u}\}+[C]\delta\{\dot{u}\}+[K^t]\{\delta u\}=\delta\{f\}$$

赋初值：$\{\ddot{u}\}_t$、$\{\dot{u}\}_t$、$\{u\}_t$

（2）计算等效刚度 $[\overline{K}]$ 和等效荷载 $\delta\{\overline{f}\}_{t+\theta\Delta t}$：

$$[\overline{K}]=[K^t]+\frac{6}{\theta^2\Delta t^2}[M]+\frac{3}{\theta\Delta t}[C]$$

$$\delta\{\overline{f}\}_{t+\theta\Delta t}=\theta\delta\{f\}+[M]\left(\frac{6}{\theta\Delta t}\{\dot{u}\}_t+3\{\ddot{u}\}_t\right)+[C]\left(3\{\dot{u}\}_t+\frac{\theta\Delta t}{2}\{\ddot{u}\}_t\right)$$

并通过等效刚度方程：

$$[\overline{K}]\delta\{u\}_{t+\theta\Delta t}=\delta\{\overline{f}\}_{t+\theta\Delta t}$$

求解 $t+\theta\Delta t$ 时刻的位移增量：$\delta\{u\}_{t+\theta\Delta t}$

（3）通过：

$$\delta\{\ddot{u}\}_{t+\Delta t}=\frac{6}{\theta^3\Delta t^2}\delta\{u\}_{t+\theta\Delta t}-\frac{6}{\theta^2\Delta t}\{\dot{u}\}_t-\frac{3}{\theta}\{\ddot{u}\}_t$$

求解 $t+\Delta t$ 时刻的加速度增量：$\delta\{\ddot{u}\}_{t+\Delta t}$

（4）求解 $t+\Delta t$ 时刻的速度增量 $\delta\{\dot{u}\}_{t+\Delta t}$ 和位移增量 $\delta\{u\}_{t+\Delta t}$：

$$\delta\{\dot{u}\}_{t+\Delta t}=\Delta t\{\ddot{u}\}_t+\frac{\Delta t}{2}\delta\{\ddot{u}\}_{t+\Delta t}、$$

$$\delta\{u\}_{t+\Delta t}=\Delta t\{\dot{u}\}_t+\frac{\Delta t^2}{2}\{\ddot{u}\}_t+\frac{\Delta t^2}{6}\delta\{\ddot{u}\}_{t+\Delta t}$$

（5）得到：$\{\ddot{u}\}_{t+\Delta t}=\{\ddot{u}\}_t+\delta\{\ddot{u}\}_t$、$\{\dot{u}\}_{t+\Delta t}=\{\dot{u}\}_t+\delta\{\dot{u}\}_t$、$\{u\}_{t+\Delta t}=\{u\}_t+\delta\{u\}_t$

（6）返回第（2）步迭代计算。

如果改为全量理论，则将（2）～（4）步改为如下（7）～（9）进行：

（7）通过：

$$[\overline{K}]=[K^t]+\frac{6}{\theta^2\Delta t^2}[M]+\frac{3}{\theta\Delta t}[C]$$

$$\{\overline{f}\}_{t+\theta\Delta t}=\theta\{f\}_{t+\Delta t}+(1-\theta)\{f\}_t+[M]\Big(\frac{6}{\theta^2\Delta t^2}\{u\}_t+\frac{6}{\theta\Delta t}\{\dot{u}\}_t+2\{\ddot{u}\}_t\Big)$$

$$+[C]\Big(\frac{3}{\theta\Delta t}\{u\}_t+2\{\dot{u}\}_t+\frac{\theta\Delta t}{2}\{\ddot{u}\}_t\Big)$$

并通过等效刚度方程：

$$[\overline{K}]\{u\}_{t+\theta\Delta t}=\{\overline{f}\}_{t+\theta\Delta t}$$

求解 $t+\theta\Delta t$ 时刻的位移：$\{u\}_{t+\theta\Delta t}$

（8）通过：

$$\{\ddot{u}\}_{t+\Delta t}=\frac{6}{\theta^3\Delta t^2}(\{u\}_{t+\theta\Delta t}-\{u\}_t)-\frac{6}{\theta^2\Delta t}\{\dot{u}\}_t+\Big(1-\frac{3}{\theta}\Big)\{\ddot{u}\}_t$$

求解 $t+\Delta t$ 时刻的加速度：$\{\ddot{u}\}_{t+\Delta t}$

（9）求解 $t+\Delta t$ 时刻的速度 $\{\dot{u}\}_{t+\Delta t}$ 和位移 $\{u\}_{t+\Delta t}$：

$$\{\dot{u}\}_{t+\Delta t}=\{\dot{u}\}_t+\frac{\Delta t}{2}(\{\ddot{u}\}_{t+\Delta t}+\{\ddot{u}\}_t)$$

$$\{u\}_{t+\Delta t}=\{u\}_t+\Delta t\{\dot{u}\}_t+\frac{\Delta t^2}{6}(\{\ddot{u}\}_{t+\Delta t}+2\{\ddot{u}\}_t)$$

6.1.2.2 Newmark 法

Newmark 法的基本假定为：

$$\{\dot{u}\}_{t+\Delta t}-\{\dot{u}\}_t=\Delta t[(1-\alpha)\{\ddot{u}\}_t+\alpha\{\ddot{u}\}_{t+\Delta t}] \tag{6.1-44}$$

$$\{u\}_{t+\Delta t}-\{u\}_t=\{\dot{u}\}_t\Delta t+\Delta t^2\Big[\Big(\frac{1}{2}-\beta\Big)\{\ddot{u}\}_t+\beta\{\ddot{u}\}_{t+\Delta t}\Big] \tag{6.1-45}$$

整理上式，得 $t+\Delta t$ 时刻的加速度增量和速度增量：

$$\delta\{\ddot{u}\}_{t+\Delta t}=\frac{1}{\beta\Delta t^2}\delta\{u\}_{t+\Delta t}-\frac{1}{\beta\Delta t}\{\dot{u}\}_t-\frac{1}{2\beta}\{\ddot{u}\}_t \tag{6.1-46}$$

$$\delta\{\dot{u}\}_{t+\Delta t}=\frac{\alpha}{\beta\Delta t}\delta\{u\}_{t+\Delta t}-\frac{\alpha}{\beta}\{\dot{u}\}_t+\Big(1-\frac{\alpha}{2\beta}\Big)\Delta t\{\ddot{u}\}_t \tag{6.1-47}$$

将式（6.1-46）、式（6.1-47）代入平衡方程：

$$[M]\delta\{\ddot{u}\}_{t+\Delta t}+[C]\delta\{\dot{u}\}_{t+\Delta t}+[K^t]\{\delta u\}_{t+\Delta t}=\delta\{f\}_{t+\Delta t}$$

得到等效刚度方程：

$$[\overline{K}]\delta\{u\}_{t+\Delta t}=\delta\{\overline{f}\}_{t+\Delta t} \tag{6.1-48}$$

其中：

$$[\overline{K}]=[K^t]+\frac{1}{\beta\Delta t^2}[M]+\frac{\alpha}{\beta\Delta t}[C] \tag{6.1-49}$$

$$\delta\{\overline{f}\}_{t+\Delta t}=\delta\{f\}+[M]\Big(\frac{1}{\beta\Delta t}\{\dot{u}\}_t+\frac{1}{2\beta}\{\ddot{u}\}_t\Big)+[C]\Big[\frac{\alpha}{\beta}\{\dot{u}\}_t+\Big(\frac{\alpha}{2\beta}-1\Big)\Delta t\{\ddot{u}\}_t\Big]$$

$$\tag{6.1-50}$$

将 $\delta\{u\}_{t+\Delta t}$ 代入式（6.1-47）、式（6.1-48）求解加速度增量 $\delta\{\ddot{u}\}_{t+\Delta t}$ 和速度增量 $\delta\{\dot{u}\}_{t+\Delta t}$。

而全量理论的等效刚度和等效荷载为：

$$[\overline{K}]=[K^t]+\frac{1}{\beta\Delta t^2}[M]+\frac{\alpha}{\beta\Delta t}[C] \tag{6.1-51}$$

$$\{\overline{f}\}_{t+\Delta t}=\{f\}_{t+\Delta t}+[M]\left[\frac{1}{\beta\Delta t^2}\{u\}_t+\frac{1}{\beta\Delta t}\{\dot{u}\}_t+\left(\frac{1}{2\beta}-1\right)\{\ddot{u}\}_t\right]$$

$$+[C]\left[\frac{\alpha}{\beta\Delta t}\{u\}_t+\left(\frac{\alpha}{\beta}-1\right)\{\dot{u}\}_t+\left(\frac{\alpha}{2\beta}-1\right)\Delta t\{\ddot{u}\}_t\right] \tag{6.1-52}$$

Newmark 法的求解步骤与 Wilson-θ 法相同，只需将等效刚度 $[\overline{K}]$ 和等效荷载 $\delta\{\overline{f}\}_{t+\Delta t}$ 替换，并且 Newmark 法直接求解 $t+\Delta t$ 时刻的位移增量 $\delta\{u\}_{t+\Delta t}$。研究表明：当 $\alpha\geqslant 0.5$、$\beta\geqslant 0.25(0.5+\alpha)^2$ 时，该法是无条件收敛的。

6.1.2.3 质量矩阵和阻尼矩阵

对于质量矩阵采用一致质量矩阵，同时可以选择集中质量矩阵，重力荷载代表值按 GB 50011 执行，考虑到国外规范对重力荷载代表值的不同，程序中以组合系数的方式给出了重力荷载代表值的组合方式。

由于单元任意一点的位移可以通过单元的形函数表示为：

$$\{u\}=[N]\{u\}_e \tag{6.1-53}$$

形函数 N 取为：

$$[N]=[N_1 \quad N_2] \tag{6.1-54}$$

其中：

$$\begin{cases} N_1=1-\dfrac{x}{l} \\ N_2=\dfrac{x}{l} \end{cases} \tag{6.1-55}$$

一致质量矩阵可以表示为：

$$[M]=\int_v\rho[N]^T[N]\mathrm{d}v \tag{6.1-56}$$

如果杆单元自重按照均布质量 m 考虑，则上式可以表示为：

$$[M]=\int_l m[N]^T[N]dl \tag{6.1-57}$$

由此可以推得：

$$[M]=\begin{bmatrix} 3ml & 6ml \\ 6ml & 3ml \end{bmatrix} \tag{6.1-58}$$

由于上述质量矩阵和推导刚度矩阵所使用的位移差值函数是一致的，因此称之为一致质量矩阵。

阻尼矩阵采用 Rayleigh 阻尼矩阵：$[C]=\alpha\cdot[M]+\beta\cdot[K]$

时程分析对话框如图 6.1-14 所示，程序提供了 Wilson-θ 法和 Newmark 法供使用者选择，同时，程序提供了读取任意谐波的计算方法（建议初学者慎用），时程分析同时适用于非线性动力分析，如果进行结构非线性动力分析，只有时程分析方法可行，本章下一节中将着重探讨几何非线性稳定分析的相关内容，涉及材料非线性动力时程分析的计算，建议用户将文件转换成 SAP 文档（见 1.4.3 节），利用大型程序进行精确分析。

图 6.1-14 的第二项对话框用来绘制各种时程曲线。

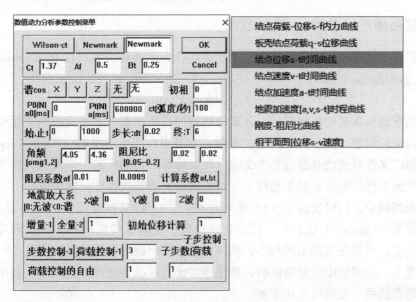

图 6.1-14　时程分析对话框

6.2　网架的结构整体稳定分析

结构的稳定性，通常说到整体稳定和局部稳定，局部稳定一般指组成构件的板壳屈曲失稳，而整体稳定则通常指构件的整体失稳。

板壳的局部稳定通过限制组成构件板件的宽厚比加以控制，一般型钢都能保证其局部稳定性。

杆件的整体稳定则通过规范给出的各种计算公式：稳定应力加以控制。

空间网架结构，特别是单层网壳和超大跨网架结构，除通过计算保证上述两种稳定性以外，还存在着空间整体结构的失稳，本节主要研究网架结构的空间整体稳定性。

6.2.1　结构的整体稳定计算流程

通常有两种分析方法：（1）单步跟踪分析法，通过几何非线性分析方法获得结构失稳临界荷载；（2）特征值计算法，通过特征值和特征向量计算法获得结构的失稳临界荷载和失稳形态。

介绍网架结构的稳定性，就离不开结构的缺陷，由于加工和施工过程不可避免地存在各种与实际模型不相符的几何缺陷,而这些几何缺陷在进行结构稳定性计算时是不可或缺的,也是不得不考虑的因素。缺陷的存在原则上来说是随机的,随机缺陷的模拟就有一定的困难。因此,通常的做法是:

(1) 通过特征值法解得结构的失稳模态;

(2) 以结构的第一失稳模态为准考虑结构的缺陷分布;

(3) 通过单步跟踪(非线性分析)法获得结构的失稳临界荷载。

6.2.2 屈曲模态的求解

对于网架结构需通过求解由结构平衡状态所确定的特征方程(D. R. J. Owen 等 1980)(Klaus-Jurgen Bathe 1982):

$$(K_e + \lambda K_g)X = 0 \tag{6.2-1}$$

初步确定结构体系的极限荷载,并求得结构的屈曲模态。上述问题则简化为求解特征值和特征向量的问题,关于上述问题的求解,本节引用了参考文献(Klaus-Jurgen Bathe,1982)中的广义雅可比法并结合参考文献(江见鲸等,1998)的子空间迭代法进行,通过该法可以求解大型结构体系的失稳模态(特征向量)和荷载系数(特征值)。

程序的编制中,同时实现了(1)雅可比法;(2)广义雅可比法;(3)反逆迭代法;(4)兰克索斯(Lanczos)法;(5)雅可比法结合子空间迭代法;(6)广义雅可比法结合子空间迭代法。六种方法的求解程序,供使用者根据问题的性质选择使用。

一般说来,采用集中质量矩阵时,选用雅可比法可以加速程序的求解,而采用一致质量矩阵时则需选用广义雅可比法求解。

6.2.3 几何缺陷分布

特别对于空间单层壳体,存在着对缺陷的敏感性,结构的几何缺陷会大大的降低结构的极限承载力(沈世钊等,1999)(尹德钰等,1996),因此必须考虑结构的施工等误差造成的几何缺陷,严格地说,这种缺陷是随机分布的。研究表明:缺陷分布成正态分布,因此,沈世钊提出了一种模拟缺陷的方法——随机缺陷模态法(沈世钊等,1999),这种方法需计算大量的随机点,计算工作量较大。

因此本书采用了另一种方法:一致缺陷模态法,该法认为屈曲模态是临界点的位移趋势,结构按最低屈曲模态变形时将处于势能最小状态,如果结构的缺陷分布形式正好与最低阶屈曲模态相吻合,这将对结构的受力性能产生最不利的影响。一致缺陷模态法就是用最低阶失稳模态来模拟结构的初始缺陷分布。

在求解最低阶屈曲模态时,根据前文所述的特征向量法求得,缺陷的施加只控制最大位移点,其他部位缺陷以最低阶屈曲模态相一致。

6.2.4 程序框图和主菜单

基于上述原理所编制的计算程序主菜单如图 6.2-1 所示,程序的详细运行框图和参数设置参见《钢结构非线性分析与动力稳定性研究》,在此直接引用子程序运行。程序将基于 Windows 环境下执行,编程采用 VC++语言,界面采用图形输入的方式。

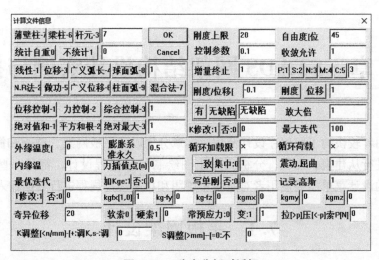

图 6.2-1　稳定分析对话框

第7章 STADS 网架结构设计实例与技巧

为让使用者较快的了解程序设计流程，本章分别以：平板网架、球壳和筒壳为例进行实例分析，进行从建模、加载、分析到施工图绘制的全过程设计，都是一些常规设计过程，不常用的设计菜单需要使用者对照菜单说明和相关规范规程进行数据输入处理。

7.1 平板网架设计

（1）建模

初定网架横向网格 20×3000，纵向 10×3000，网架厚度 1800，如图 7.1-1 所示：建模后程序运行查错功能和分层操作。

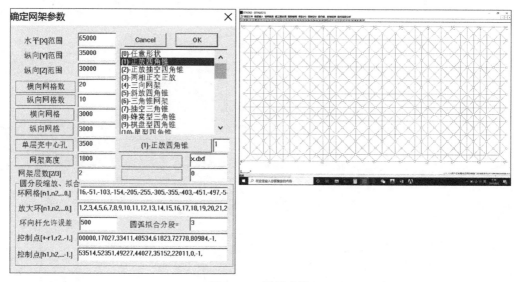

图 7.1-1 平板建模

程序经自动分层后，上弦默认为 1 层，下层默认为 0 层。

程序经自动分层后，上、下层同时施加垂直于屋面的支托，上、下、左、右端节点分别施加 90°、270°、180°、0°的水平支托。

程序经自动分层后，支座默认 X、Y 水平弹性刚度＝500N/mm，Z 向竖向支座刚度无穷大（固定）。

（2）确定支座、起坡

横向支座间距 6000，隔网格设置，跨中起坡 1500，如图 7.1-2 所示。

（3）加荷载

静载 300，活载 300，温度应力 25℃，基本风压 350，程序自动计算承载面积，同时，

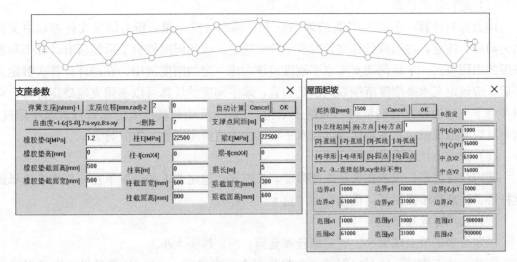

图 7.1-2　确定支座、起坡

可以选择不同的加载层（内层：偶数层，外层：奇数层）。同时对于静载按表面面积计算。活荷载按投影面积计算。积灰荷载按照角度进行折减，考虑到各国规范不同，程序提供了控制折减角度的功能，风荷载-2 按照《建筑结构荷载规范》GB 50009—2012 执行，选择2000 则同时施加四个方向风荷载，沿着纵向屋面风荷载系数需要修改相应变量，包括：（1）横向风时两端风吸力；（2）纵向风时屋面风吸力和纵向摩擦力；（3）纵向风时迎风面和背风面的风压。选择加载范围后程序自动加载结果如图 7.1-3 所示。

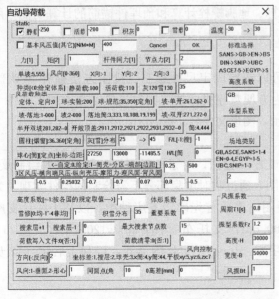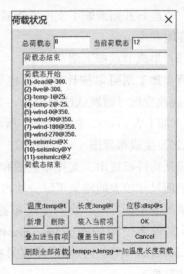

图 7.1-3　加荷载

（4）确定荷载组合

通过运行，"荷载种类->生成荷载种类"菜单可以根据当前荷载状态生成满足规范要求的荷载组合，需要首先确定并选择所使用的规范类别。

（5）运行连续计算

内力分析计算，生成 * -计算结果 . txt 和一系列计算结果，所有结果文件都以原文件名为前缀，注意：在形成计算文件时有中英文选项，该项同时控制了后续所有计算书和施工图的出图模式。平板网架支座水平刚度应该考虑一定的刚度范围，在循环计算次数定义好后，应该定义水平刚度范围双向满足为宜，水平刚度的计算可以参照支座确定计算，可以考虑下部结构种类（钢结构、混凝土结构）、截面尺寸和高度确定悬臂柱的水平刚度。同时可以考虑橡胶垫水平剪切刚度和水平梁结构的弯曲刚度叠加效应确定。

（6）满应力优化设计

确定杆件过程，该步在满足规范强度、长细比、稳定要求的前提下在构件库中选择最优杆件，注意改步提供了"优化"和"选大"功能。

（7）选择螺栓球节点

确定合理的节点球大小、确定螺栓和套筒、确定锥头大小。

完成上述工作后，就是出图了，在此分两个分支进行：（1）如果只做方案可以运行"连续归并"和"连续进行材料表"，以方便快速给出用钢量和支座反力。（2）如果是出详细加工图，就不能连续运行了，需要分步进行。

（8-1）连续归并、连续出材料表、方案图

自动连续运行，方案图文件："文件名-方案图 . DXF"，同时形成："文件名-报价单 . txt"。

（8-2）分步运行

归并节点、杆件归并、支托归并、支座归并。支托归并分不同方向的支托归并并统计求和。支座归并则兼顾了支座底板验算、地脚螺栓计算和预埋件锚筋的计算功能，用于设计支座时参考。

（9）形成节点加工图

节点加工图可以按比例绘制也可以按照固定尺寸绘制（排图方便整齐-默认球径＝25），在改变图号时默认绘制个数，为方便数控机床加工同时提供了文本加工文件（文件名-节点加工表 . txt），如图 7.1-4 所示，图形文件名：draw31. ddt。

（10）生成布置图

包括构件布置图、支托布置图和支座布置图，对于平板网架一般不需要绘制展开图，对于平面尺寸较大的网架可以分块出图，通过临时虚隐部分不需绘制的构件实现。为了配合附录的支座标准图，绘制支座布置图时需要首先确定支座种类，以利于统计支座个数（图形文件名：结构布置图：draw00. ddt；支托布置图：draw120. ddt；支座布置图：draw150. ddt。不同分区图形建议另存为：draw- * . ddt 的形式，以利于后续（12 步）施工图的整理）。

（11）绘制材料表

内容包括螺栓套筒紧钉统计表、锥头统计表、节点统计表、构件统计表、支托统计表、制作统计表和用钢量统计表，由于需要统计用钢量叠加，上述次序不能改变，特别是螺栓开始需要付零。为方便加工，配料单除生成图形以外，还生成文本文件（文件名-杆配料 . txt）（图形文件名：螺栓套筒紧钉统计表：draw4. ddt；锥头统计表：draw5. ddt；

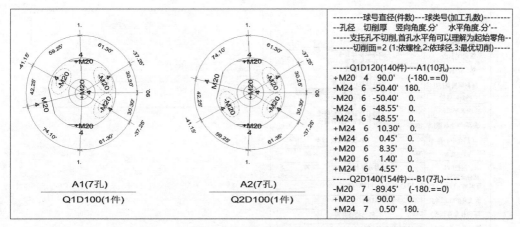

图 7.1-4　节点加工图、表

节点表统计表：draw6. ddt；杆件统计表：draw7. ddt；支托统计表：draw8. ddt；支座统计表：draw9. ddt；用钢量统计表：draw10. ddt；杆件配料统计表：draw11. ddt)。

（12）施工图整理

每一步所生成的图块数量比较多，程序设计了图形布置功能，仍然显得繁琐，建议再次运行两个菜单：①方案图，一次性整理好所有材料表＋支座反力，用于方案报价和配合基础施工用。②加工图，包含所有加工详图，包括节点加工图、布置图、材料表和支座反力。

（13）内力图

内力图是为满足施工图审核而设置的，包括：①通过截面验算所生成的杆件强度、长细比和稳定验算图，螺栓和套筒的强度验算布置图等；②通过几何简图所生成的各种杆件、螺栓和套筒布置图，荷载布置图、各种荷载状态内力图和支座反力图，各种最不利内力布置图。

通过上述（1）～（13）步即可以完成平板网架的结构设计工作，更进一步地深入使用需要在使用过程中逐步体会。对于节点数量不是很多、计算占时不很长的情况，完成上述设计工作一般用时不超过 15min。

7.2　球形网架设计

（1）建模

初定球形网架底部直径 120m，最高点 40m，网架厚度初步确定 2.0m，采用通常所说的三心圆，其实，STADS 采用任意三点形成圆弧段的模拟圆弧形成旋转球体，可以由任意段圆弧模拟而成。

1）首先形成圆形球体：选择 32 项圆形双层-球壳，定义径向网格数＝20，中心环向 4 的网格，最大环向网格长度 5m，假定有三段，此时点击最小杆长【计算】按钮，由此，程序计算出如下数据：放大环－n1 和其对应的环向网格数－n2，该部分是由最大环向杆的长度不超过 5m 所确定的，如图 7.2-1 所示。

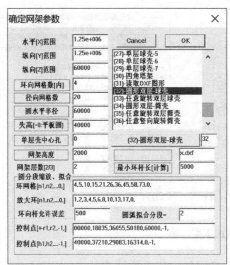
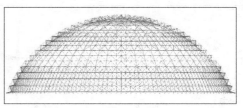

图 7.2-1　球形建模

2) 由标准球体形成椭球体：选择 33 项任意旋转形双层-球壳，主要通过调整每一个控制球径-r 的失高来达到椭球体的，失高的调整可以经过多次调整得到的。首先，点击控制失高【计算】按钮，由此，程序计算出如下数据：控制半径－r 和其对应的失高－h，该部分是根据 3 段拟合圆弧落在同一个球体上而确定的。此时，调整中间控制半径－r 的失高－h，形成图 7.2-2 所示的椭球体，通过调整失高－h 可以拟合成任意旋转壳体。

建模后程序运行查错功能和分层操作。

程序经自动分层后，上弦默认为 1 层，下层默认为 0 层。

程序经自动分层后，上、下层同时施加垂直于屋面的支托，支座球施加垂直向下的支托孔，以利于加工。

程序经自动分层后，支座默认 X、Y 水平弹性刚度＝500N/mm，Z 向竖向支座刚度无穷大（固定）。

（2）加荷载

静载：300；活载：300；积灰荷载：300；温度应力 25℃；基本风压：350。程序自动计算承载面积，同时，可以选择不同的加载层（内层：偶数层，外层：奇数层）。同时对于静载按表面积计算。活荷载按投影面积计算。积灰荷载按照角度进行折减，考虑到各国规范不同，程序提供了控制折减角度的功能。选择加载范围后程序自动加载结果如图 7.2-3 所示，风荷载选择与《建筑结构荷载规范》GB 50009—2012 一致，默认风向角度 30°，可以选择风向角度，每个固定角度（默认 30°）施加一个荷载状态。

后续荷载组合、内力计算和施工图整理以及计算书的整理工作与平板网架大致相同，需要着重说明的几点在于：

（1）球壳支座的水平刚度设置问题：水平小刚度能够减小支座反力，但是，构造上很难做到。而水平大刚度则将水平力施加于基础，增加了基础设计的难度。通常，为了释放水平力将支座底板开椭圆孔，而只有抵抗了底板与基础之间的摩擦力方可滑动，因此，考虑到摩擦系数在 0.3 左右，常规设计的水平摩擦力达到竖向压力的 0.3 倍为宜。

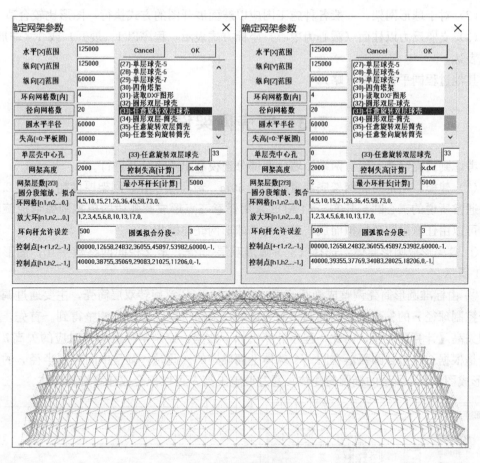

图 7.2-2　椭球形建模

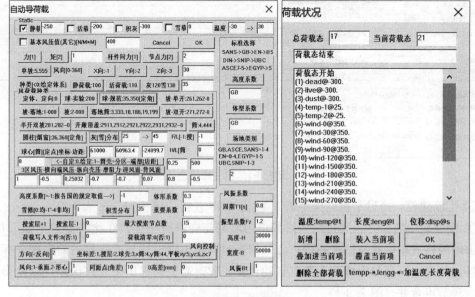

图 7.2-3　加荷载

（2）对于球形网架，一般各种施工图应以球面展开图的方式执行，图形比较合适。

（3）支座反力以柱面（圆心为中心）坐标方式表示，程序以 1（展开）或-1（非展开）方式表达。

其他过程同平板网架（略）。

7.3 筒壳网架设计

考虑到筒壳网架一般有两端山墙，两部分建模和出图将分开进行。

（1）建模：初定筒壳网架底部直径跨度 60m，最高点 20m，网架厚度初步确定 2.0m，采用通常所说的三心圆，其实，STADS 采用任意三点形成圆弧段的模拟圆弧形成旋转球体，可以由任意段圆弧模拟而成，基本与椭球形网壳建模相近。

① 首先形成圆形筒体：选择（34)-圆形双层-筒壳，定义径向网格数＝10，图形如图 7.3-1 所示。

② 由标准圆形筒壳调整成椭圆筒壳：选择（35)-任意旋转双层筒壳，主要通过调整每一个控制球径 r 的矢高来达到椭圆形筒壳体的，矢高可以经过多次调整得到。首先，点击控制矢高【计算】按钮，由此，程序计算出如下数据：控制半径 r 和其对应的矢高 h，该部分是根据 3 段拟合圆弧落在同一个球体上而确定的。此时，调整中间控制半径 r 的矢高 h，形成图 7.3-2 所示的椭圆筒壳体，通过调整矢高 h 可以拟合成任意旋转壳体。

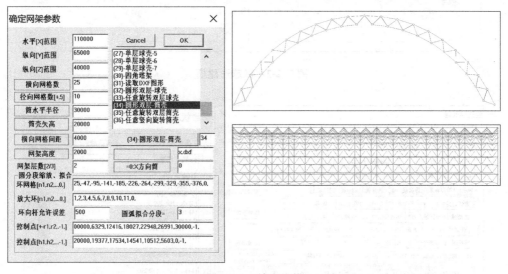

图 7.3-1 筒壳建模

③ 山墙建模：通过平板网架沿着 Y 轴旋转 90°获得山墙模型（图 7.3-3）。

④ 筒壳与山墙合并：通过结构拼接将山墙与筒壳进行拼接，在此需要做到如下几点，（1）山墙网格大小尽量与筒壳相近；（2）拼接时调整山墙坐标与所拼接的筒壳端坐标一致（或接近）；（3）筒壳与山墙相近节点自动合并，此时需要调整拼接允许误差，以使得程序做到合理节点合并（图 7.3-4）。

⑤ 删除多余杆件和节点，施加支座约束，整理后完整模型如图 7.3-5 所示。

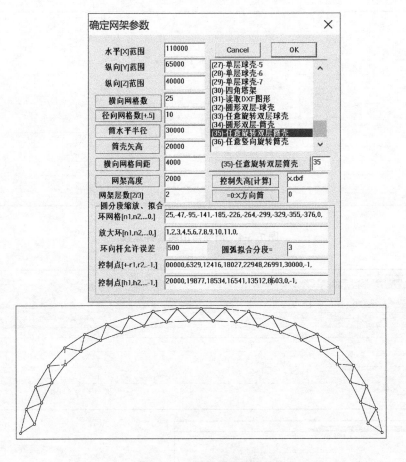

图 7.3-2　椭圆筒壳建模

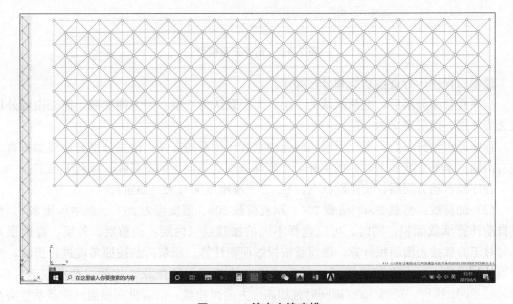

图 7.3-3　筒壳山墙建模

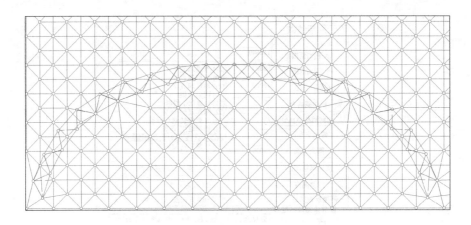

图 7.3-4　筒壳与山墙合并建模

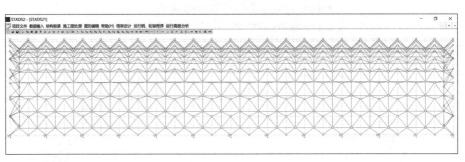

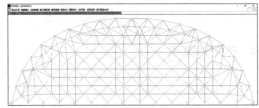

图 7.3-5　筒壳完整模型

建模后程序运行查错功能和分层操作。

程序经自动分层后，上弦默认为 1 层，下层默认为 0 层。为方便加载，筒壳山墙外层定义为 3 层，内层定义为 0 层。

程序经自动分层后，上、下层同时施加垂直于屋面的支托，山墙分别自动施加垂直于左右山墙（水平 0 度和 180°）的支托，支座球施加垂直向下的支托孔，以利于加工。

程序经自动分层后，支座默认 X、Y、Z 支座刚度无穷大（固定）。

（2）加荷载：静载 300、活载 300、积灰荷载 300、温度应力 25℃、基本风压 350，程序自动计算承载面积，同时，可以选择不同的加载层（内层：偶数层，外层：奇数层）。同时对于静载按表面面积计算。活荷载按投影面积计算。积灰荷载按照角度进行折减，考虑到各国规范不同，程序提供了控制折减角度的功能。风荷载-3 按照《荷载规范》GB 50009—2001 执行，选择 3000 则同时施加四个方向风荷载，沿着纵向屋面风荷载系数需要修改相应变量，包括：①横向风时两端风吸力；②纵向风时屋面风吸力和纵向摩擦力；

③纵向风时迎风面和背风面的风压。选择加载范围后程序自动加载结果如图 7.3-6 所示。

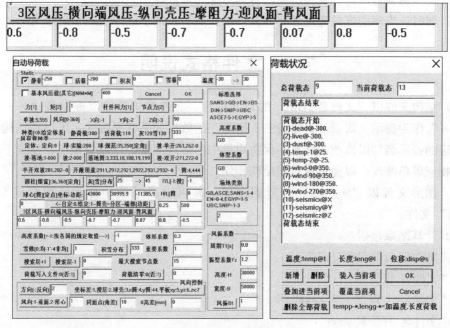

图 7.3-6　加荷载

后续荷载组合、内力计算和施工图整理以及计算书的整理工作与平板网架大致相同，需要着重说明的几点在于：

（1）筒壳端部山墙能够减小筒壳用钢量的作用，同时起到了约束作用，使得端部支座反力偏大，可以通过删除部分筒壳与山墙间的腹杆，以减小相互约束从而降低端部支座的支座反力。

（2）由于温度应力的作用，当筒壳较长时，端部水平反力偏大，此时可以通过两种措施实现，其一，支座底板间施加一种 PTFE 滑动板，据说能大大减小摩擦力，配以椭圆孔减小水平刚度的方式可以减小水平力。其二，建议删除底部支座之间连系的水平弦杆，可以减小因温度应力增加的支座水平反力。

（3）对于筒壳网架一般山墙和筒体分别出施工图，筒体以水平筒壳展开图的方式执行，山墙以水平视图出图比较合理。

其他过程同平板网架（略）。

以上简单论述了一般网架结构的设计过程，很多技巧需要在实践中不断摸索，在没有搞明白菜单的具体内容和意思时，建议首先使用默认值，程序一般首先设置一种于大部分情况下适用的默认值。

网架设计：其结构形势越来越复杂，可以说，网架结构通过空间杆系结构可以搭建起任意的空间结构体系，这就使得建模过程所占用的事件越来越多。建立一个合理的结构模型，以下几点是从事网架结构设计所应该做到的：

（1）满足建筑功能要求当然是结构人员所必须具备的。

（2）结构模型必须是静定的或超静定的，静不定结构计算也通不过。

（3）合理的杆件之间夹角可以减小螺栓球直径，或者使不可行的结构方案变为可行。

（4）支座的合理设计、支座刚度的合理考虑非常重要。

（5）同时，支座刚度的考虑还要有据可依，从而，减小设计误差和设计风险。

7.4　文件格式说明

（1）结构文件以"文件名.dwj"的形式保存，文件格式存储以提示名"＊＊＊提示名＊＊＊"作为提示，附录一、附录二、附录三的数据如果有所改变，可以在结构文件中找到相应的提示名加以修改，注意：保持附录中的格式不变，可以增减项，建议不熟悉时在软件相应菜单修改，以免造成数据结构错误。

（2）图形文件以"＊.ddt"的形式存储，并可以在系统中显示，转换成 CAD 的"＊.dxf"文件。

（3）计算结果包括：

①"文件名-计算结果.txt"

②"文件名-报价单.txt"

③"文件名-节点加工表.txt"

④"文件名-杆配料.txt"

⑤"文件名-支座反力-单工况.txt"

⑥"文件名-支座反力-最不利.txt"

⑦"文件名-杆件最不利内力-单工况.txt"

⑧"文件名-杆件最不利内力-最不利.txt"

⑨"文件名-最大位移-单工况.txt"

⑩"文件名-最大位移-最不利.txt"

（4）其他中间文件以"wj＊.txt"的形式存在。

第8章 STADS 与 ANSYS FLUENT 的接口程序设计与网架结构风压体型系数的计算

由于网架结构体型多样，荷载规范难以囊括各种体型，对于复杂网架结构的风压体型系数，以往大部分结构都是通过风洞试验来确定的，风洞试验除需要大量人力物力和资金之外，需要一定的实验周期。而近年发展起来的利用流体力学的流固耦合理论计算结构表面风压体型系数的方法，则具有节省实验费用和缩短实验周期的优点，对于当前大量的电厂、钢厂和水泥行业的堆棚结构，特别是非标准的筒壳和球壳结构，其风压系数的计算结果适用性较好，可以满足工程应用。本软件研制了与 FLUENT 软件的接口程序，可以将软件模型自动转入前处理软件 ANSYS ICEM CFD，并能根据结构的节点编号自动读取 ANSYS FLUENT 软件的风压体型系数文件。该接口程序同时避免了风洞试验大量的数据处理所带来的结果不确定性。

在风压计算一章中，需要建立 STADS 软件与风压计算软件的接口，基本功能包括前处理（模型导入）、计算分析和后处理（体型系数读取）三方面主要工作，利用的工具包括 STADS、ANSYS ICEM CFD、ANSYS FLUENT 软件。

8.1 STADS 风压体型系数计算的总体框图

STADS 风压体型系数计算的总体步骤为：

（1）建立模型，将文件名改为不含中文的名称，保存；

（2）隐藏模型的内层，仅显示模型的外层；

（3）按图 8.1-1 所示的方式，选择 [1-ICEM_导入模型]；

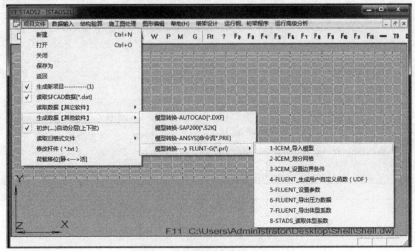

图 8.1-1 生成文件操作过程

（4）弹出对话框，如图 8.1-2 所示，设置相关参数，生成 .rpl 文件。运行该文件可将模型导入前处理 ICEM CFD 软件中，具体运行过程在后文详述，图 8.1-3（a）、（b）分别表示模型在 STADS 软件以及 ANSYS ICEM CFD 软件中的显示图。

（5）按同样的方式依次生成 [2-ICEM_划分网格]、[3-ICEM_设置边界条件]、[4-FLUENT_生成用户自定义函数（UDF）]、[5-FLUENT_设置参数]、[6-FLUENT_导出压力数据]、[7-FLUENT_导出体型系数]、[8-STADS_读取体型系数] 文件。

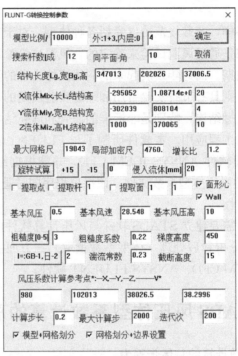

图 8.1-2　对话框显示界面

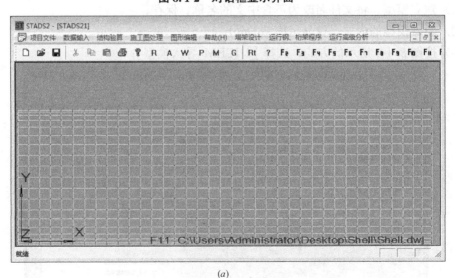

(a)

图 8.1-3　模型显示图（一）

(a) STADS 软件

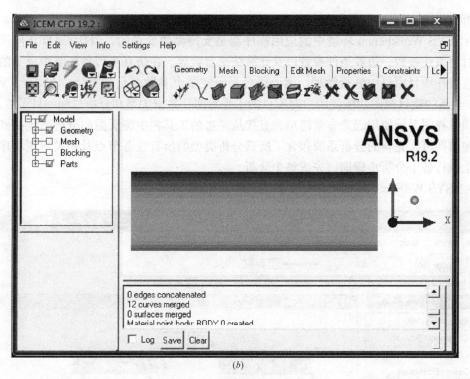

图 8.1-3　模型显示图 (二)

(b) ANSYS ICEM CFD 软件

需要说明的是：

(1) 对话框显示的参数均为默认值，可进行调节。

(2) 生成的文件保存位置与原模型相同，生成的文件如图 8.1-4 所示，其中 Shell 为模型的名称，其余 8 个文件为生成文件。

名称	类型
Shell	DWJ 文件
Shell-1_ICEM_Import Model	RPL 文件
Shell-2_ICEM_Generating Mesh	RPL 文件
Shell-3_ICEM_Setting Boundary Conditions	RPL 文件
Shell-4_FLUENT_Generating User Defined Function	C Source
Shell-5_FLUENT_Set Parameters	RPL 文件
Shell-6_FLUENT_Computational Results of Pressure	RPL 文件
Shell-7_FLUENT_The Figure Coefficient	RPL 文件
Shell-8_STADS_Read The Figure Coefficient	RPL 文件

图 8.1-4　生成的文件

8.2　ANSYS Workbench 总体功能

ANSYS Workbench 提供了多种先进工程仿真技术的基础框架。全新的项目视图概念将整个仿真过程紧密地组合在一起，引导用户通过简单的鼠标拖曳操作完成复杂的多物理场分析流程。

　　ANSYS Workbench 环境中的应用程序都是支持参数变量的，包括 CAD 几何尺寸参数、材料属性参数、边界条件参数以及计算结果参数等。在仿真流程各环节中定义的参数可以直接在项目窗口中进行管理，因而很容易研究多个参数变量的变化。ANSYS Workbench 全新的项目视图功能使用户对项目的工程意图、数据关系和分析过程一目了然。

　　项目视图系统使用起来非常简单。直接从左边的工具栏中将所需的分析系统拖到项目视图窗口即可。完整的分析系统包含了所选分析类型的所有任务节点及相关应用程序，自下而上执行各个分析步骤即可完成整个分析。

　　ANSYS Workbench 的操作界面如图 8.2-1 所示。

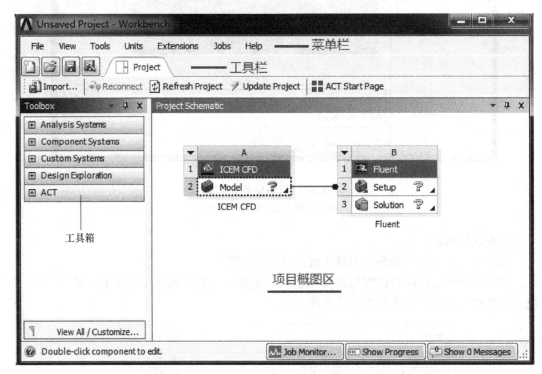

图 8.2-1　ANSYS Workbench 的操作界面

　　工具箱包括以下 4 个组：

　　(1) Analysis Systems，可用的预定义的模板；

　　(2) Component Systems，可存取多种程序来建立和扩展分析系统；

　　(3) Custom Systems，为耦合应用预定义分析系统，用户也可以建立自己的预定义系统；

　　(4) Design Exploration，参数管理和优化工具。

　　需要进行某种项目分析时，可以通过两种方法在项目概图区生成相关分析项目的概图。一种是在工具箱中双击相关项目，另一种是用鼠标将相关项目拖至项目概图区内，生成项目概图后，只需按照概图的顺序，从顶向下逐步完成，就可以实现一个完整的仿真分析流程，如图 8.2-2 所示。

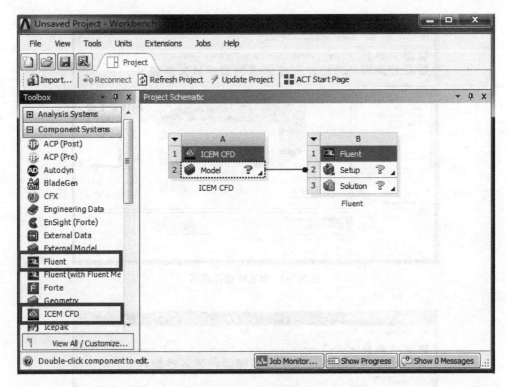

图 8. 2-2　项目概图

8.3　前处理软件 ANSYS ICEM CFD 功能

ANSYS ICEM CFD 软件主要完成的工作是导入模型、划分网格以及设置边界条件。在后文中将 ANSYS ICEM CFD 简称为 ICEM。

8.3.1　基本界面

ICEM 的操作界面如图 8.3-1 所示，图 8.3-2 显示模型局部图形。

8.3.1.1　菜单

在图形显示区的左上角有功能菜单，主要包括网格项目管理、设置和文件输入输出等。

（1）File：文件菜单提供许多与文件管理相关的功能，如打开文件、保存文件、合并和输入几何模型、存档工程；

（2）Edit：编辑菜单包括回退、前进、命令行、网格转化为小面结构、小面结构转化为网格、结构化模型面等命令；

（3）View：视图菜单包括合适窗口、放大、俯视、仰视、左视、右视、前视、后视、保存视图、背景设置、镜像与复制、注释、加标记、清除标记等命令；

（4）Info：信息菜单包括几何信息、面的面积、最大截面积、曲线长度、网格信息、

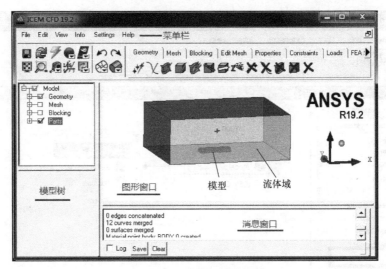

图 8.3-1　ICEM 操作界面

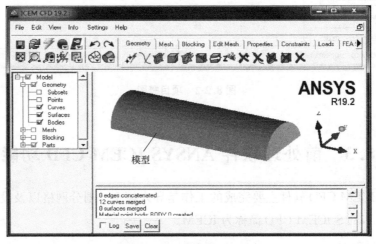

图 8.3-2　模型局部显示图

节点信息、位置、距离、角度、变量等命令；

（5）Setting：设置菜单包括常规、求解、显示、选择、内存、远程、速度、重启、网格划分等命令；

（6）Help：帮助菜单包括启动帮助、启动用户指南、启动使用手册、启动安装指南、有关法律等命令。

8.3.1.2　模型树

模型树位于操作界面左侧，通过几何实体、单元类型和用户定义的子集控制图形显示。

因为有些功能只对显示的实体发生作用，所以模型树在孤立需要修改的特殊实体时体现了重要性。用鼠标右键单击各个项目可以方便地进行相应的设置，例如颜色的标记和用户定义显示等。

8.3.1.3 消息窗口

消息窗口显示 ICEM CFD 提示的所有消息，使用户了解内部过程。窗口显示操作界面和几何、网格功能的联系。在操作过程中时刻注意消息窗口是很重要的，它将告诉用户各种消息状态。

保存命令将所有窗口内容写入一个文件，文件路径默认在工程打开的地方。日志选择按钮选中状态时将只保存用户特定的消息。

8.3.2 文件系统

ICEM 在打开或者创建一个工程时，读入一个扩展名为 prj（project）文件，即工程文件，其中包含该工程的基本信息，包括工程状态及相关子文件的信息。

（1）.tin 文件：几何模型文件，在其中可以包含网格尺寸定义的信息；

（2）.uns 文件：非结构网格文件；

（3）.rpl 文件：命令流文件，记录 ICEM 的操作命令码，可以通过修改或编写后导入软件，自动执行相应的操作命令。

8.3.3 导入模型

打开 ICEM 软件，选择 File（文件）Replay Scripts（回放脚本）Run from script file（运行脚本文件），如图 8.3-3 所示，选择由 STADS 软件生成的文件［Shell-1_ICEM_Import Model.rpl］，运行结果如图 8.3-4 所示。

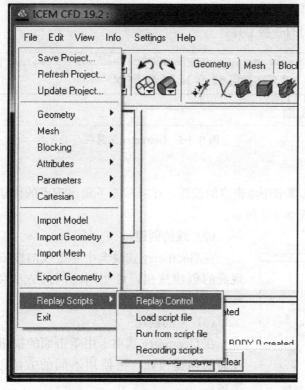

图 8.3-3　ICEM 运行命令流操作

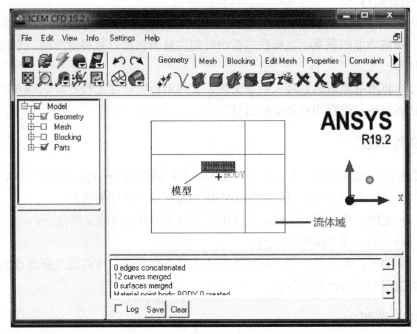

图 8.3-4　Shell-1 文件运行结果

8.3.4　完善模型

当仅分析外风压时，必须为一个封闭的面。若导入的模型不封闭，可手动补面进行完善，图 8.3-5 是常用的一些工具。

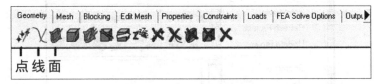

图 8.3-5　Geometry 工具栏

（1）点的创建

在 Geometry 选项卡中单击点的按钮，在屏幕左下角出现点的创建按钮，可使用不同的方法创建点，如图 8.3-6 所示。

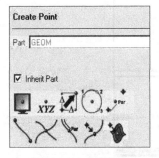

图 8.3-6　点的创建

（2）线的创建

在 Geometry 选项卡中单击线的按钮，在屏幕左下角出现线的创建按钮，可使用不同的方法创建线，如图 8.3-7 所示。

（3）面的创建

在 Geometry 选项卡中单击面的按钮，在屏幕左下角出现面的创建按钮，可使用不同的方法创建面，如图 8.3-8 所示。

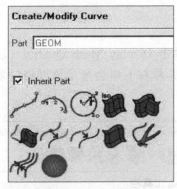

图 8.3-7　线的创建

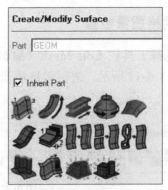

图 8.3-8　面的创建

8.3.5　划分网格

按照相同的方式，如图 8.3-3 所示，继续运行生成的第 2 个文件，划分网格。即选择 File（文件）Replay Scripts（回放脚本）Run from script file（运行脚本文件）命令，选择［Shell-2_ICEM_Generating Mesh. rpl］文件，运行结果如图 8.3-9、图 8.3-10 所示。其中图 8.3-9 表示整体网格，图 8.3-10 表示模型表面的局部网格。

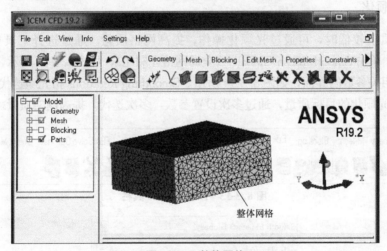

图 8.3-9　整体网格

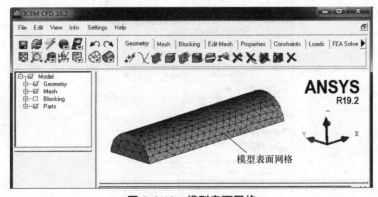

图 8.3-10　模型表面网格

8.3.6 网格质量检查

通过选择工具栏 Edit Mesh（编辑网格），单击 Display Mesh Quality（显示网格质量），如图 8.3-11 所示，进行网格质量的检查，屏幕右下角会显示该网格的质量，如图 8.3-12 所示。

图 8.3-11　Edit Mesh 工具栏

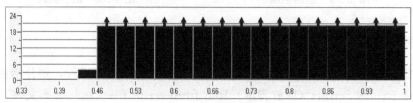

图 8.3-12　网格质量

8.3.7 光顺化

当网格质量较低时，可通过光顺化操作，提高网格质量。通过选择工具栏 Edit Mesh（编辑网格），单击 Smooth Mesh Globally（全局网格光顺化），如图 8.3-13 所示，屏幕左下角会出现设置相关参数的界面，如图 8.3-14 所示。Smoothing iterations 指光顺迭代次数，Up to value 指网格光顺化的目标质量，通过多次设置参数，多次迭代，提高网格质量。

图 8.3-13　Edit Mesh 工具栏

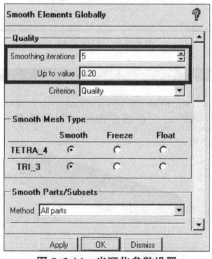

图 8.3-14　光顺化参数设置

8.3.8　设置边界条件

在输出网格之前需要设置边界条件，通过 ICEM 运行命令流实现，具体操作过程如图 8.3-3 所示，选择 STADS 软件生成的第 3 个文件，即〔Shell-3_ICEM_Setting Boundary Conditions〕。

8.3.9　输出文件

接下来要将网格文件导出成为 ANSYS FLUENT 能够读入的文件。

通过选择工具栏 Output Mesh（输出网格），单击 Write input（记录输入），如图 8.3-15 所示。弹出如图 8.3-16 所示的对话框，选择 ANSYS FLUENT，保存。

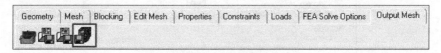

图 8.3-15　Edit Mesh 工具栏

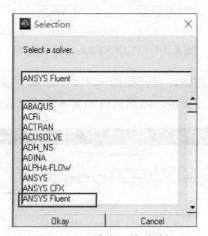

图 8.3-16　输出文件对话框

8.4　ANSYS FLUENT 软件风压计算

ANSYS FLUENT 用来模拟从不可压缩到高度可压缩范围内的复杂流动。由于采用了多种求解方法和多重网格加速收敛技术，因而 FLUENT 能达到最佳的收敛速度和求解精度。灵活的非结构化网格和基于解的自适应网格技术及成熟的物理模型，使 FLUENT 在转换与湍流、传热与变相、化学反应与燃烧、多相流、旋转机械/燃烧电池等方面有广泛的应用。

8.4.1　ANSYS FLUENT 操作界面

在 ANSYS Workbench 中运行 FLUENT 项目，弹出 FLUENT Launcher 对话框，如

图 8.4-1 所示。在对话框中可以作如下选择：

（1）二维或三维版本，在 Dimension 选项区中选择 2D 或 3D；

（2）单精度或双精度版本，默认为单精度；

（3）并行计算选项，可选择单核运算或并行运算版本；

（4）界面显示设置，一般保持默认设置。

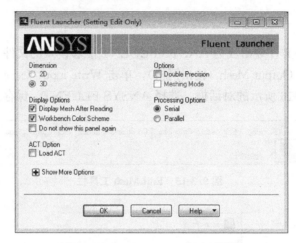

图 8.4-1　FLUENT Launcher 对话框

设置完毕后，单击 OK 按钮，打开如图 8.4-2 所示的 FLUENT 主界面。该界面由标题栏、菜单栏、导航栏、控制面板、图形窗口和文本窗口组成。

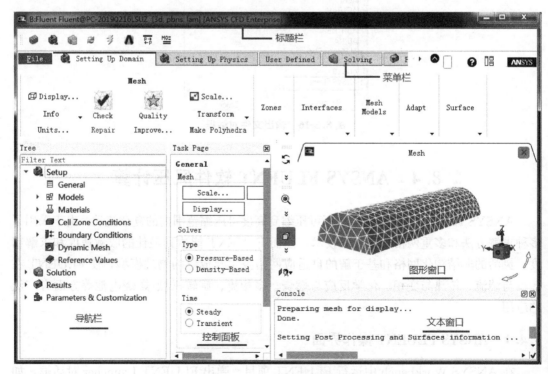

图 8.4-2　FLUENT 主界面

（1）标题栏中显示运行的 FLUENT 版本和物理模型的简要信息以及文件名，例如，FLUENT［3d，dp，pbns，lam］是指运行的 FLUENT 版本为 3D 双精度版本，运算基于压力求解，而且采用层流模型；

（2）菜单栏包括 File（文件）、Setting Up Physics（设置域）、User Defined（用户自定义）、Solving（求解设置）、Postprocessing（后处理）、Viewing（视图）、Parallel（并行设置）和 Design（设计）等；

（3）在导航栏中可以参数设置、求解器设置、后处理面板等；

（4）控制面板中显示从导航栏中选中的面板，在其中进行设置和操作；

（5）图形窗口用来显示网格、残差曲线、动画及各种后处理显示的图像；

（6）文字窗口显示各种信息提示，包括版本信息、网格信息、错误提示等。

8.4.2　加载 UDF

如图 8.4-3 所示，选择菜单栏中的 User Defined（用户自定义）Functions（函数）interpret（解释）。弹出对话框如图 8.4-4 所示，选择由 STADS 生成的第 4 个文件［Shell-4_

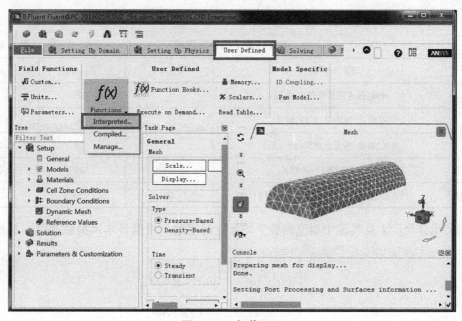

图 8.4-3　加载 UDF

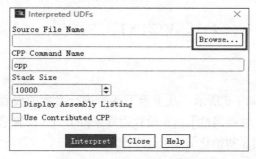

图 8.4-4　加载 UDF 对话框

FLUENT_Generating User Defined Function. c] 加载。该加载过程定义了模型入流面边界条件参数，如平均风速度剖面、湍流强度、湍动能、湍流耗散率等，完成了对入流面边界条件的模拟。

（1）平均风速度剖面

入流面的平均速度剖面取用指数率经验模型加以模拟，即平均风剖面为：

$$V(Z) = V_0 \left(\frac{Z}{Z_0} \right)^\alpha$$

式中 Z_0——标准参考高度；

Z，$V(Z)$——风速剖面上任意高度和该高度上的风速；

α——地面粗糙度指数。

（2）湍流特性

根据日本风荷载规范，湍流强度 I 的计算公式以及参数取值（表 8.4-1）如下所示：

$$I = \begin{cases} 0.1 \left(\dfrac{Z}{Z_G} \right)^{-\alpha-0.05} & Z_b < Z \leqslant Z_G \\ 0.1 \left(\dfrac{Z_b}{Z_G} \right)^{-\alpha-0.05} & Z \leqslant Z_b \end{cases}$$

湍流强度 I 的参数取值　　　　　　　　表 8.4-1

类别	建筑场地条件	Z_b(m)	Z_G(m)	α
I	开阔、没有明显障碍物、海面	5	250	0.10
II	开阔、少量障碍、草地、稻田	5	350	0.15
III	郊区、树林、少量高建筑(4～9 层)	5	450	0.20
IV	城区、高建筑(4～9 层)	10	550	0.27
V	城市、大量集中的高层建筑(超 10 层)	20	650	0.35

湍流积分尺度 l 是气流中湍流涡旋平均尺度的度量，根据日本风荷载规范，其经验公式为：

$$l = \begin{cases} 100 \left(\dfrac{Z}{30} \right)^{0.5} & 30\text{m} < Z \leqslant Z_G \\ 100 & Z \leqslant 30\text{m} \end{cases}$$

根据 ANSYS Fluent Users Guide，湍流动能 k、湍流耗散率 ε 的公式如下：

$$k = \frac{3}{2} \left[V(Z) \cdot I \right]^2 \qquad \varepsilon = \frac{k^{\frac{3}{2}}}{l}$$

8.4.3　设置参数

利用导航栏，如图 8.4-5 所示，从上至下逐个进行参数的设置。具体包括 [1 常规设置]、[2 物理模型]、[3 材料属性]、[4 设置边界条件]、[5 设置求解方法]、[6 定义监控变量]、[7 设置监控]、[8 初始化]、[9 运行计算]。

运行该脚本文件设置的内容包括：

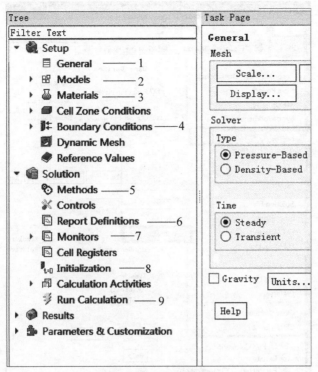

图 8.4-5　导航栏介绍

（1）常规设置，设置为基于压力求解器，瞬态。

（2）物理模型，选择改进的 RNG k-ϵ 湍流模型。

（3）材料属性，材料选择空气，密度与黏性保持默认即可。

（4）边界条件，模型的表面以及地面全部采用无滑移的壁面（wall）；数值风洞的顶壁和两侧壁面设置为对称边界（symmetry），出流面选择完全出流（outflow），用以表示流动完全发展情况。

（5）设置求解方法，设置求解算法为 SIMPLE，离散格式为二阶迎风格式（Second Order Upwind）。

（6）定义监控变量，选择模型表面（wall）的平均压力为监控变量，监控变量定义为 pressure-wall。

（7）设置监控，实时监控变量的值，并将其图形显示在图形窗口中。

（8）初始化，设置为标准初始化，选择从入口处（inlet）开始计算。

（9）运行计算，选择时间步长（Time Step Size）为 0.2s，步数设置为 2000 步，最大迭代次数为 20。

整个参数设置的过程通过运行脚本文件实现。选择 File（文件）→Read（读入）→Journal（脚本文件），读取文件，操作方式如图 8.4-6 所示。运行由 STADS 软件生成的第 5 个文件［Shell-5_FLUENT_Set Parameters. rpl］，开始计算。

运行计算过程的界面如图 8.4-7 所示，当监控值趋于稳定且残差收敛时，手动停止计算，单击 stop at end of the time step（在时间步结束时停止）。

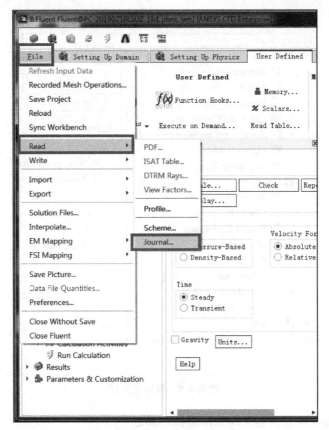

图 8.4-6　运行脚本文件操作

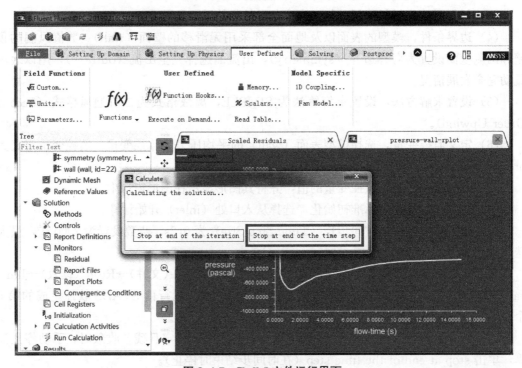

图 8.4-7　Shell-5 文件运行界面

8.4.4　导出压力数据

　　计算完成后需要进行后处理，导出压力数据，将模型的节点依次输入，并将节点对应的压力数据存放在文本文件中。整个操作过程通过运行脚本文件实现，选择 File（文件）→Read（读入）→Journal（脚本文件），读取文件，具体操作方式如图 8.4-6 所示。选择由 STADS 软件生成的第 6 个文件 [Shell-6 _ FLUENT _ Computational Results of Pressure. rpl]，运行界面如图 8.4-8 所示。生成的文件存放位置与原文件位置相同，文件名称为 [wind-pressure]，如图 8.4-9 所示。

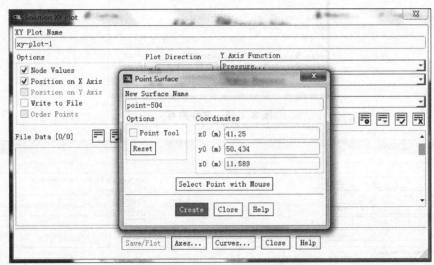

图 8.4-8　Shell-6 文件运行界面

名称	类型
Shell	DWJ 文件
Shell-1_ICEM_Import Model	RPL 文件
Shell-2_ICEM_Generating Mesh	RPL 文件
Shell-3_ICEM_Setting Boundary Conditions	RPL 文件
Shell-4_FLUENT_Generating User Defined Function	C Source
Shell-5_FLUENT_Set Parameters	RPL 文件
Shell-6_FLUENT_Computational Results of Pressure	RPL 文件
Shell-7_FLUENT_The Figure Coefficient	RPL 文件
Shell-8_STADS_Read The Figure Coefficient	RPL 文件
wind-pressure	文件

图 8.4-9　生成文件位置及名称

　　选择用记事本的方式打开文件，其内容如图 8.4-10 所示。第一列数据表示节点的高度，第二列数据表示风压，单位为 N/m^2。

8.4.5　导出体型系数

　　生成风压数据后，通过 Custom Field Function Calculator（用户自定义函数计算器）功能，如图 8.4-11 所示，将风压数据推导换算为体型系数。

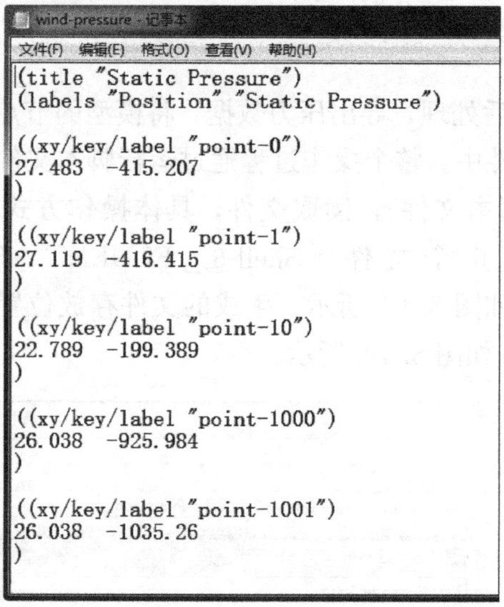

图 8.4-10　文件内容

图 8.4-11　用户自定义函数计算器界面

　　风压数据换算为体型系数的过程利用编程实现，实际操作仅需运行脚本文件即可，运行由 STADS 软件生成的第 7 个文件 [Shell-7_FLUENT_The Figure Coefficient . rpl]，生成名称为 [the-figure-coefficient] 的文件，其存放位置与原文件位置相同，如图 8.4-12 所示。用记事本的方式打开文件，其内容如图 8.4-13 所示。第一列数据表示节点的高度，第二列数据表示体型系数。

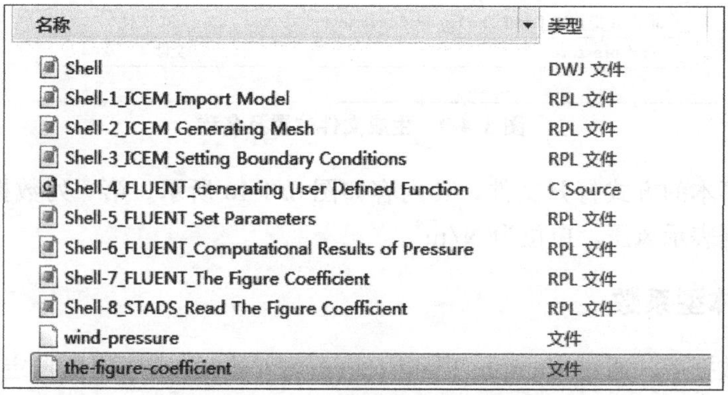

名称	类型
Shell	DWJ 文件
Shell-1_ICEM_Import Model	RPL 文件
Shell-2_ICEM_Generating Mesh	RPL 文件
Shell-3_ICEM_Setting Boundary Conditions	RPL 文件
Shell-4_FLUENT_Generating User Defined Function	C Source
Shell-5_FLUENT_Set Parameters	RPL 文件
Shell-6_FLUENT_Computational Results of Pressure	RPL 文件
Shell-7_FLUENT_The Figure Coefficient	RPL 文件
Shell-8_STADS_Read The Figure Coefficient	RPL 文件
wind-pressure	文件
the-figure-coefficient	文件

图 8.4-12　生成文件位置及名称

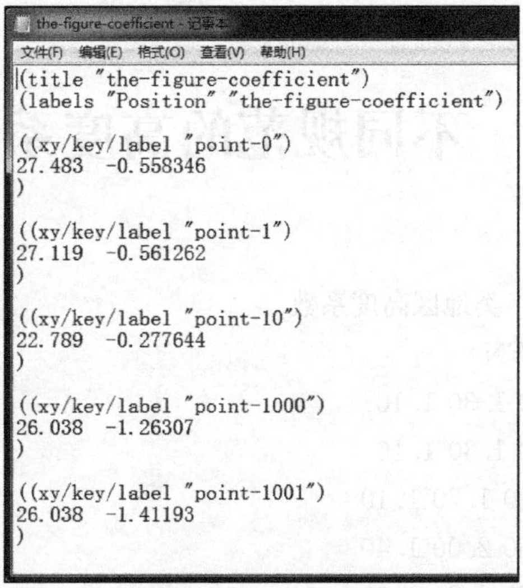


```
(title "the-figure-coefficient")
(labels "Position" "the-figure-coefficient")

((xy/key/label "point-0")
27.483  -0.558346
)

((xy/key/label "point-1")
27.119  -0.561262
)

((xy/key/label "point-10")
22.789  -0.277644
)

((xy/key/label "point-1000")
26.038  -1.26307
)

((xy/key/label "point-1001")
26.038  -1.41193
)
```

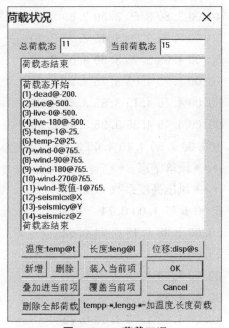

图 8.4-13　文件内容

8.4.6　读入体型系数

最后，由 STADS 软件运行第 8 个文件［Shell-8_STADS_Read The Figure Coefficient.rpl］，该运行过程可读取［the-figure-coefficient］的文件，依据体型系数计算每一种工况的节点风压，并将各种风荷载施加于荷载工况，如图 8.4-14 所示。

至此，STADS 软件借助 ANSYS FLUENT 的计算功能，完成了复杂结构表面风压体形系数的计算。通过接口程序自动将模型转入 ANSYS FLUENT，并进而自动读取计算结果的体形系数，减少了复杂的建模过程，同时规避开了大量风洞试验数据的施加工作，提高了计算效率。关于内风压的计算有待作进一步的研究工作。

图 8.4-14　荷载工况

附录1 不同规范的高度系数取值

格式：高度 0 1 2 3 4 类地区高度系数

*** 风压高度系数-EN ***

0.00 1.80 1.50 1.40 1.30 1.10
5.00 2.50 2.30 1.80 1.30 1.10
10.00 2.90 2.70 2.30 1.70 1.10
15.00 3.20 3.00 2.50 2.00 1.40
20.00 3.40 3.20 2.70 2.20 1.60
30.00 3.60 3.40 3.10 2.50 1.90
40.00 3.80 3.60 3.30 2.60 2.20
50.00 3.95 3.80 3.45 2.90 2.40
60.00 4.05 3.95 3.60 3.05 2.45
70.00 4.20 4.03 3.75 3.20 2.75
80.00 4.40 4.15 3.85 3.40 2.85
90.00 4.45 4.35 3.95 3.45 2.90
100.00 4.50 4.40 4.00 3.50 2.95

*** 段落结束 ***

*** 风压高度系数-GB ***

5.00 1.17 1.00 0.74 0.62
10.00 1.38 1.15 0.74 0.62
15.00 1.52 1.28 0.74 0.62
20.00 1.63 1.40 0.84 0.62
30.00 1.80 1.60 1.00 0.62
40.00 1.92 1.73 1.13 0.73
50.00 2.03 1.85 1.25 0.84
60.00 2.12 1.94 1.35 0.93
70.00 2.20 2.02 1.45 1.02
80.00 2.27 2.10 1.54 1.11
90.00 2.34 2.20 1.62 1.19
100.00 2.40 2.25 1.70 1.27
150.00 2.64 2.38 2.03 1.61
200.00 2.83 2.61 2.30 1.92
250.00 2.99 2.80 2.54 2.19

300.00 3.12 2.97 2.75 2.45
350.00 3.12 3.12 2.94 2.68
400.00 3.12 3.12 3.12 2.91
450.00 3.12 3.12 3.12 3.12
＊＊＊段落结束＊＊＊
＊＊＊风压高度系数-SANS＊＊＊
0.00 0.92 0.85 0.73 0.71
2.00 0.97 0.85 0.73 0.71
4.00 1.02 0.90 0.73 0.71
6.00 1.05 0.94 0.77 0.71
10.00 1.09 0.98 0.85 0.71
15.00 1.12 1.02 0.91 0.78
20.00 1.14 1.05 0.95 0.83
30.00 1.17 1.09 1.00 0.90
40.00 1.20 1.12 1.04 0.95
50.00 1.22 1.15 1.07 0.98
60.00 1.23 1.17 1.09 1.01
70.00 1.24 1.18 1.12 1.04
80.00 1.26 1.20 1.14 1.06
90.00 1.27 1.21 1.15 1.08
100.00 1.28 1.23 1.17 1.10
＊＊＊段落结束＊＊＊
＊＊＊风压高度系数-EGYP＊＊＊
5.00 1.17 1.00 0.74 0.62
10.00 1.38 1.10 0.74 0.62
15.00 1.52 1.10 0.74 0.62
20.00 1.63 1.10 0.84 0.62
30.00 1.80 1.30 1.00 0.62
40.00 1.92 1.40 1.13 0.73
50.00 2.03 1.50 1.25 0.84
60.00 2.12 1.58 1.35 0.93
70.00 2.20 1.65 1.45 1.02
80.00 2.27 1.70 1.54 1.11
90.00 2.34 1.90 1.62 1.19
100.00 2.40 2.10 1.70 1.27
150.00 2.64 2.10 2.03 1.61
200.00 2.83 2.30 2.30 1.92
250.00 2.99 2.30 2.54 2.19

300. 00 3. 12 2. 30 2. 75 2. 45

350. 00 3. 12 2. 30 2. 94 2. 68

400. 00 3. 12 2. 30 3. 12 2. 91

450. 00 3. 12 2. 30 3. 12 3. 12

＊＊＊段落结束＊＊＊

＊＊＊风压高度系数-SNIP＊＊＊

5. 00 0. 75 0. 50 0. 40

10. 00 1. 00 0. 65 0. 40

20. 00 1. 25 0. 85 0. 55

40. 00 1. 50 1. 10 0. 80

60. 00 1. 70 1. 30 1. 00

80. 00 1. 85 1. 45 1. 15

100. 00 2. 00 1. 60 1. 25

150. 00 2. 25 1. 90 1. 55

200. 00 2. 45 2. 10 1. 80

250. 00 2. 65 2. 30 2. 00

300. 00 2. 75 2. 50 2. 20

350. 00 2. 75 2. 75 2. 35

480. 00 2. 75 2. 75 2. 75

＊＊＊段落结束＊＊＊

＊＊＊风压高度系数-UBC＊＊＊

4. 57 1. 39 1. 06 0. 62

6. 10 1. 45 1. 13 0. 67

7. 62 1. 50 1. 19 0. 72

9. 14 1. 54 1. 23 0. 76

12. 19 1. 62 1. 31 0. 84

18. 29 1. 73 1. 43 0. 95

24. 38 1. 81 1. 53 1. 04

30. 48 1. 88 1. 61 1. 13

36. 58 1. 93 1. 67 1. 20

48. 77 2. 02 1. 79 1. 31

60. 96 2. 10 1. 87 1. 42

91. 44 2. 23 2. 05 1. 63

121. 92 2. 34 2. 19 1. 80

＊＊＊段落结束＊＊＊

＊＊＊风压高度系数-ASCE7-5＊＊＊

4. 60 0. 70 0. 57 0. 85 1. 03

6. 10 0. 70 0. 62 0. 90 1. 08

7. 60 0. 70 0. 66 0. 94 1. 12
9. 10 0. 70 0. 70 0. 98 1. 16
12. 20 0. 76 0. 76 1. 04 1. 22
15. 20 0. 81 0. 81 1. 09 1. 27
18. 00 0. 85 0. 85 1. 13 1. 31
21. 30 0. 89 0. 89 1. 17 1. 34
24. 40 0. 93 0. 93 1. 21 1. 38
24. 40 0. 96 0. 96 1. 24 1. 40
30. 50 0. 99 0. 99 1. 26 1. 43
36. 60 1. 04 1. 04 1. 31 1. 48
42. 70 1. 09 1. 09 1. 36 1. 52
48. 80 1. 13 1. 13 1. 39 1. 55
54. 90 1. 17 1. 17 1. 43 1. 58
61. 00 1. 20 1. 20 1. 46 1. 61
76. 20 1. 28 1. 28 1. 53 1. 68
91. 40 1. 35 1. 35 1. 59 1. 73
106. 70 1. 41 1. 41 1. 64 1. 78
121. 90 1. 47 1. 47 1. 69 1. 82
137. 20 1. 52 1. 52 1. 73 1. 86
152. 40 1. 56 1. 56 1. 77 1. 89
＊＊＊段落结束＊＊＊
＊＊＊风振-脉动增大系数＊＊＊

0. 01 0. 02 0. 04 0. 06 0. 08 0. 10 0. 20 0. 40 0. 60 0. 80 1. 00 2. 00 4. 00 6. 00 8. 00 10. 00
20. 00 30. 00

1. 47 1. 57 1. 69 1. 77 1. 83 1. 88 2. 04 2. 24 2. 36 2. 46 2. 53 2. 80 3. 09 3. 28 3. 42 3. 54
3. 91 4. 14

＊＊＊段落结束＊＊＊
＊＊＊风振-脉动影响系数＊＊＊

30. 00 50. 00 100. 00 150. 00 200. 00 250. 00 300. 00 350. 00

0. 50 1. 00 2. 00 3. 00 5. 00 8. 00

0. 44 0. 42 0. 33 0. 27 0. 24 0. 21 0. 19 0. 17
0. 42 0. 41 0. 33 0. 28 0. 25 0. 22 0. 20 0. 18
0. 40 0. 40 0. 34 0. 29 0. 27 0. 23 0. 22 0. 20
0. 36 0. 37 0. 34 0. 30 0. 27 0. 25 0. 24 0. 22
0. 48 0. 47 0. 41 0. 35 0. 31 0. 27 0. 26 0. 24
0. 46 0. 46 0. 42 0. 36 0. 36 0. 29 0. 27 0. 26
0. 43 0. 44 0. 42 0. 37 0. 34 0. 31 0. 29 0. 28
0. 39 0. 42 0. 42 0. 38 0. 36 0. 33 0. 32 0. 31

0.50 0.51 0.46 0.42 0.38 0.35 0.33 0.31
0.48 0.50 0.47 0.42 0.40 0.36 0.35 0.33
0.45 0.49 0.48 0.44 0.42 0.38 0.38 0.36
0.41 0.46 0.48 0.46 0.46 0.44 0.42 0.39
0.53 0.51 0.49 0.42 0.41 0.38 0.38 0.36
0.51 0.50 0.49 0.46 0.43 0.40 0.40 0.38
0.48 0.49 0.49 0.48 0.46 0.43 0.43 0.41
0.43 0.46 0.49 0.49 0.48 0.47 0.46 0.45
0.52 0.53 0.51 0.49 0.46 0.44 0.42 0.39
0.50 0.53 0.52 0.50 0.48 0.45 0.44 0.42
0.47 0.50 0.52 0.52 0.50 0.48 0.47 0.45
0.43 0.48 0.52 0.53 0.53 0.52 0.51 0.50
0.53 0.54 0.53 0.51 0.48 0.46 0.43 0.42
0.51 0.53 0.54 0.52 0.50 0.49 0.46 0.44
0.48 0.51 0.54 0.53 0.52 0.52 0.50 0.48
0.43 0.48 0.54 0.53 0.55 0.55 0.54 0.53
＊＊＊段落结束＊＊＊

附录 2　荷载组合种类

（中标：GB = 100-欧标：EN = 200-俄标：SNIP = 300-美标：UBC = 400-美标：ASCE7-5＝500-天津院＝600-阿尔及利亚＋天津院＝800＋900-埃及＝1000-南非：SAN＝1100--美标：ASCE7-10＝2000）

＊＊＊＊＊＊＊＊＊＊＊＊＊＊＊ 荷载(种类)组合总数 ＊＊＊＊＊＊＊＊＊＊＊＊＊＊＊＊

comb(1)＝1.35 * Dead

comb(2)＝1.35 * Dead＋1.4 * Live

comb(3)＝1.35 * Dead＋1.4 * Dust

comb(4)＝1.35 * Dead＋0.98 * Live＋1.26 * Dust

comb(5)＝1.2 * Dead＋1.4 * Live＋1.26 * Dust

comb(6)＝1.2 * Dead＋0.98 * Live＋1.4 * Dust

comb(7)＝1.35 * Dead＋0.84 * Temp

comb(8)＝1.2 * Dead＋1.4 * Live＋1.26 * Dust＋0.84 * Temp

comb(9)＝1.2 * Dead＋0.98 * Live＋1.4 * Dust＋0.84 * Temp

comb(10)＝1.35 * Dead＋0.98 * Live＋1.26 * Dust＋0.84 * Temp＋0.84 * Wind

comb(11)＝1.2 * Dead＋1.4 * Live＋1.26 * Dust＋0.84 * Temp＋0.84 * Wind

comb(12)＝1.2 * Dead＋0.98 * Live＋1.4 * Dust＋0.84 * Temp＋0.84 * Wind

comb(13)＝1.2 * Dead＋0.98 * Live＋1.26 * Dust＋0.84 * Temp＋1.4 * Wind

comb(14)＝1.35 * Dead＋0.98 * Live＋1.26 * Dust＋0.84 * Wind

comb(15)＝1.2 * Dead＋1.4 * Live＋1.26 * Dust＋0.84 * Wind

comb(16)＝1.2 * Dead＋0.98 * Live＋1.4 * Dust＋0.84 * Wind

comb(17)＝1.2 * Dead＋0.98 * Live＋1.26 * Dust＋1.4 * Wind

comb(18)＝1.2 * Dead＋0.84 * Temp＋1.4 * Wind

comb(19)＝1. * Dead＋0.84 * Temp＋1.4 * Wind

comb(20)＝1.35 * Dead＋1.4 * Wind

comb(21)＝1. * Dead＋1.4 * Wind

comb(22)＝1.35 * Dead＋1.4 * Crane

comb(23)＝1.2 * Dead＋1.4 * Live＋0.98 * Crane

comb(24)＝1.2 * Dead＋0.98 * Live＋1.4 * Crane

comb(25)＝1.2 * Dead＋1.4 * Dust＋0.98 * Crane

comb(26)＝1.2 * Dead＋0.98 * Dust＋1.4 * Crane

comb(27)＝1.35 * Dead＋0.98 * Live＋1.26 * Dust＋0.98 * Crane

comb(28)＝1.2 * Dead＋1.4 * Live＋1.26 * Dust＋0.98 * Crane

comb(29)＝1.2＊Dead＋0.98＊Live＋1.4＊Dust＋0.98＊Crane

comb(30)＝1.2＊Dead＋0.98＊Live＋1.26＊Dust＋1.4＊Crane

comb(31)＝1.2＊Dead＋0.84＊Temp＋1.4＊Crane

comb(32)＝1.2＊Dead＋1.4＊Live＋1.26＊Dust＋0.84＊Temp＋0.98＊Crane

comb(33)＝1.2＊Dead＋0.98＊Live＋1.4＊Dust＋0.84＊Temp＋0.98＊Crane

comb(34)＝1.2＊Dead＋0.98＊Live＋1.26＊Dust＋0.84＊Temp＋1.4＊Crane

comb(35)＝1.35＊Dead＋0.98＊Live＋1.26＊Dust＋0.84＊Temp＋0.84＊Wind＋0.98＊Crane

comb(36)＝1.2＊Dead＋1.4＊Live＋1.26＊Dust＋0.84＊Temp＋0.84＊Wind＋0.98＊Crane

comb(37)＝1.2＊Dead＋0.98＊Live＋1.4＊Dust＋0.84＊Temp＋0.84＊Wind＋0.98＊Crane

comb(38)＝1.2＊Dead＋0.98＊Live＋1.26＊Dust＋0.84＊Temp＋1.4＊Wind＋0.98＊Crane

comb(39)＝1.2＊Dead＋0.98＊Live＋1.26＊Dust＋0.84＊Temp＋0.84＊Wind＋1.4＊Crane

comb(40)＝1.35＊Dead＋0.98＊Live＋1.26＊Dust＋0.84＊Wind＋0.98＊Crane

comb(41)＝1.2＊Dead＋1.4＊Live＋1.26＊Dust＋0.84＊Wind＋0.98＊Crane

comb(42)＝1.2＊Dead＋0.98＊Live＋1.4＊Dust＋0.84＊Wind＋0.98＊Crane

comb(43)＝1.2＊Dead＋0.98＊Live＋1.26＊Dust＋1.4＊Wind＋0.98＊Crane

comb(44)＝1.2＊Dead＋0.98＊Live＋1.26＊Dust＋0.84＊Wind＋1.4＊Crane

comb(45)＝1.2＊Dead＋0.84＊Temp＋1.4＊Wind＋0.98＊Crane

comb(46)＝1.2＊Dead＋0.84＊Temp＋0.84＊Wind＋1.4＊Crane

comb(47)＝1.＊Dead＋0.84＊Temp＋1.4＊Wind＋0.98＊Crane

comb(48)＝1.＊Dead＋0.84＊Temp＋0.84＊Wind＋1.4＊Crane

comb(49)＝1.35＊Dead＋1.4＊Wind＋0.98＊Crane

comb(50)＝1.＊Dead＋1.4＊Wind＋0.98＊Crane

comb(51)＝1.＊Dead＋0.84＊Wind＋1.4＊Crane

comb(52)＝1.2＊Dead＋0.6＊Dust＋1.3＊Seismicx/x＋1.3＊Seismicy/y＋0.5＊Seismicz/z

comb(53)＝1.2＊Dead＋0.6＊Dust＋1.3＊Seismicx/x＋1.3＊Seismicy/y

comb(54)＝1.2＊Dead＋0.6＊Dust＋1.3＊Seismicz/z

comb(55)＝1.＊Dead＋0.5＊Dust＋1.3＊Seismicx/x＋1.3＊Seismicy/y＋0.5＊Seismicz/z

comb(56)＝1.＊Dead＋0.5＊Dust＋1.3＊Seismicx/x＋1.3＊Seismicy/y

comb(57)＝1.＊Dead＋0.5＊Dust＋1.3＊Seismicz/z

comb(58)＝＋100.＊《国标-GB》

comb(59)＝1.35＊Dead

comb(60)＝1.35 * Dead＋1.5 * Live

comb(61)＝1.35 * Dead＋1.5 * Dust

comb(62)＝1.35 * Dead＋1.05 * Live＋1.26 * Dust

comb(63)＝1.35 * Dead＋1.5 * Live＋1.26 * Dust

comb(64)＝1.35 * Dead＋1.05 * Live＋1.5 * Dust

comb(65)＝1.35 * Dead＋0.84 * Temp

comb(66)＝1.35 * Dead＋1.5 * Live＋1.26 * Dust＋1. * Temp

comb(67)＝1.35 * Dead＋1.05 * Live＋1.5 * Dust＋1. * Temp

comb(68)＝1.35 * Dead＋1.05 * Live＋1.26 * Dust＋1. * Temp＋0.9 * Wind

comb(69)＝1.35 * Dead＋1.5 * Live＋1.26 * Dust＋1. * Temp＋0.9 * Wind

comb(70)＝1.35 * Dead＋1.05 * Live＋1.5 * Dust＋1. * Temp＋0.9 * Wind

comb(71)＝1.35 * Dead＋1.05 * Live＋1.26 * Dust＋1. * Temp＋1.5 * Wind

comb(72)＝1.35 * Dead＋1.05 * Live＋1.26 * Dust＋0.9 * Wind

comb(73)＝1.35 * Dead＋1.5 * Live＋1.26 * Dust＋0.9 * Wind

comb(74)＝1.35 * Dead＋1.05 * Live＋1.5 * Dust＋0.9 * Wind

comb(75)＝1.35 * Dead＋1.05 * Live＋1.26 * Dust＋1.5 * Wind

comb(76)＝1.35 * Dead＋1. * Temp＋1.5 * Wind

comb(77)＝1. * Dead＋1. * Temp＋1.5 * Wind

comb(78)＝1.35 * Dead＋1.5 * Wind

comb(79)＝1. * Dead＋1.5 * Wind

comb(80)＝1.35 * Dead＋1.5 * Crane

comb(81)＝1.35 * Dead＋1.5 * Live＋1.05 * Crane

comb(82)＝1.35 * Dead＋1.05 * Live＋1.5 * Crane

comb(83)＝1.35 * Dead＋1.5 * Dust＋1.05 * Crane

comb(84)＝1.35 * Dead＋1.05 * Dust＋1.5 * Crane

comb(85)＝1.35 * Dead＋1.05 * Live＋1.26 * Dust＋1.05 * Crane

comb(86)＝1.35 * Dead＋1.5 * Live＋1.26 * Dust＋1.05 * Crane

comb(87)＝1.35 * Dead＋1.05 * Live＋1.5 * Dust＋1.05 * Crane

comb(88)＝1.35 * Dead＋1.05 * Live＋1.26 * Dust＋1.5 * Crane

comb(89)＝1.35 * Dead＋1. * Temp＋1.5 * Crane

comb(90)＝1.35 * Dead＋1.5 * Live＋1.26 * Dust＋1. * Temp＋1.05 * Crane

comb(91)＝1.35 * Dead＋1.05 * Live＋1.5 * Dust＋1. * Temp＋1.05 * Crane

comb(92)＝1.35 * Dead＋1.05 * Live＋1.26 * Dust＋1. * Temp＋1.5 * Crane

comb(93)＝1.35 * Dead＋1.05 * Live＋1.26 * Dust＋1. * Temp＋0.9 * Wind＋1.05 * Crane

comb(94)＝1.35 * Dead＋1.5 * Live＋1.26 * Dust＋1. * Temp＋0.9 * Wind＋1.05 * Crane

comb(95)＝1.35 * Dead＋1.05 * Live＋1.5 * Dust＋1. * Temp＋0.9 * Wind＋1.05

131

* Crane

comb(96)＝1. 35 * Dead＋1. 05 * Live＋1. 26 * Dust＋1. * Temp＋1. 5 * Wind＋1. 05

* Crane

comb(97)＝1. 35 * Dead＋1. 05 * Live＋1. 26 * Dust＋1. * Temp＋1. 05 * Wind＋1. 5

* Crane

comb(98)＝1. 35 * Dead＋1. 05 * Live＋1. 26 * Dust＋0. 9 * Wind＋1. 05 * Crane

comb(99)＝1. 35 * Dead＋1. 5 * Live＋1. 26 * Dust＋0. 9 * Wind＋1. 05 * Crane

comb(100)＝1. 35 * Dead＋1. 05 * Live＋1. 5 * Dust＋0. 9 * Wind＋1. 05 * Crane

comb(101)＝1. 35 * Dead＋1. 05 * Live＋1. 26 * Dust＋1. 5 * Wind＋1. 05 * Crane

comb(102)＝1. 35 * Dead＋1. 05 * Live＋1. 26 * Dust＋1. 05 * Wind＋1. 5 * Crane

comb(103)＝1. 35 * Dead＋1. * Temp＋1. 5 * Wind＋1. 05 * Crane

comb(104)＝1. 35 * Dead＋1. * Temp＋1. 05 * Wind＋1. 5 * Crane

comb(105)＝1. * Dead＋1. * Temp＋1. 5 * Wind＋1. 05 * Crane

comb(106)＝1. * Dead＋1. * Temp＋1. 05 * Wind＋1. 5 * Crane

comb(107)＝1. 35 * Dead＋1. 5 * Wind＋1. 05 * Crane

comb(108)＝1. * Dead＋1. 5 * Wind＋1. 05 * Crane

comb(109)＝1. * Dead＋1. 05 * Wind＋1. 5 * Crane

comb(110)＝1. 2 * Dead＋0. 6 * Dust＋1. 3 * Seismicx/x＋1. 3 * Seismicy/y＋0. 5 *

Seismicz/z

comb(111)＝1. 2 * Dead＋0. 6 * Dust＋1. 3 * Seismicx/x＋1. 3 * Seismicy/y

comb(112)＝1. 2 * Dead＋0. 6 * Dust＋1. 3 * Seismicz/z

comb(113)＝1. * Dead＋0. 5 * Dust＋1. 3 * Seismicx/x＋1. 3 * Seismicy/y＋0. 5 *

Seismicz/z

comb(114)＝1. * Dead＋0. 5 * Dust＋1. 3 * Seismicx/x＋1. 3 * Seismicy/y

comb(115)＝1. * Dead＋0. 5 * Dust＋1. 3 * Seismicz/z

comb(116)＝1. 35 * Dead＋1. 5 * Live＋1. 2 * Dust＋0. 9 * Wind＋1. 5 * Crane＋0. 75

* Snow

comb(117)＝1. 35 * Dead＋1. 5 * Live＋1. 2 * Dust＋0. 9 * Wind＋1. 5 * Crane＋1. 5

* Snow

comb(118)＝1. 35 * Dead＋1. 5 * Live＋1. 2 * Dust＋1. 5 * Wind＋1. 5 * Crane＋0. 75

* Snow

comb(119)＝1. * Dead＋0. 8 * Live＋0. 5 * Dust＋1. * Crane

comb(120)＝1. * Dead＋0. 8 * Live＋0. 5 * Dust＋0. 8 * Crane＋1. 3 * Seismicx/x＋

1. 3 * Seismicy/y＋1. 3 * Seismicz/z

comb(121)＝＋200. *《欧标-EN》

comb(122)＝1. 2 * Dead

comb(123)＝1. 2 * Dead＋1. 3 * Live

comb(124)＝1. 2 * Dead＋1. 3 * Dust

comb(125)=1.2 * Dead+1.1 * Temp

comb(126)=1.2 * Dead+1.4 * Wind

comb(127)=1. * Dead+1.4 * Wind

comb(128)=1.2 * Dead+1.6 * Snow

comb(129)=1.2 * Dead+1.1 * Temp+1.4 * Wind

comb(130)=1. * Dead+1.1 * Temp+1.4 * Wind

comb(131)=1.2 * Dead+1.235 * Live+1.235 * Dust

comb(132)=1.2 * Dead+1.235 * Dust+1.44 * Snow

comb(133)=1.2 * Dead+1.235 * Live+1.235 * Dust+1.1 * Temp

comb(134)=1.2 * Dead+1.235 * Dust+1.1 * Temp+1.44 * Snow

comb(135)=1.2 * Dead+1.235 * Live+1.235 * Dust+1.26 * Wind

comb(136)=1.2 * Dead+1.235 * Dust+1.26 * Wind+1.44 * Snow

comb(137) = 1.2 * Dead + 1.235 * Live + 1.235 * Dust + 1.1 * Temp + 1.26 * Wind

comb(138) = 1.2 * Dead + 1.235 * Dust + 1.1 * Temp + 1.26 * Wind + 1.44 * Snow

comb(139)=1.2 * Dead+0.6 * Dust+1.3 * Seismicx/x+1.3 * Seismicy/y+0.5 * Seismicz/z

comb(140)=1.2 * Dead+0.6 * Dust+1.3 * Seismicx/x+1.3 * Seismicy/y

comb(141)=1.2 * Dead+0.6 * Dust+1.3 * Seismicz/z

comb(142)=1. * Dead+0.5 * Dust+1.3 * Seismicx/x+1.3 * Seismicy/y+0.5 * Seismicz/z

comb(143)=1. * Dead+0.5 * Dust+1.3 * Seismicx/x+1.3 * Seismicy/y

comb(144)=1. * Dead+0.5 * Dust+1.3 * Seismicz/z

comb(145)=1.2 * Dead+1.4 * Crane

comb(146)=1.2 * Dead+1.3 * Live+1.4 * Crane

comb(147)=1.2 * Dead+1.3 * Dust+1.4 * Crane

comb(148)=1.2 * Dead+1.1 * Temp+1.4 * Crane

comb(149)=1.2 * Dead+1.4 * Wind+1.4 * Crane

comb(150)=1. * Dead+1.4 * Wind+1.4 * Crane

comb(151)=1.2 * Dead+1.4 * Crane+1.6 * Snow

comb(152)=1.2 * Dead+1.1 * Temp+1.4 * Wind+1.4 * Crane

comb(153)=1. * Dead+1.1 * Temp+1.4 * Wind+1.4 * Crane

comb(154)=1.2 * Dead+1.235 * Live+1.235 * Dust+1.4 * Crane

comb(155)=1.2 * Dead+1.235 * Dust+1.4 * Crane+1.44 * Snow

comb(156) = 1.2 * Dead + 1.235 * Live + 1.235 * Dust + 1.1 * Temp + 1.4 * Crane

comb(157) = 1.2 * Dead + 1.235 * Dust + 1.1 * Temp + 1.4 * Crane + 1.44

* Snow

      comb(158)＝1.2 * Dead＋1.235 * Live＋1.235 * Dust＋1.26 * Wind＋1.4
* Crane

      comb(159)＝1.2 * Dead＋1.235 * Dust＋1.26 * Wind＋1.4 * Crane＋1.44
* Snow

    comb(160)＝1.2 * Dead＋1.235 * Live＋1.235 * Dust＋1.1 * Temp＋1.26 * Wind＋
1.4 * Crane

    comb(161)＝1.2 * Dead＋1.235 * Dust＋1.1 * Temp＋1.26 * Wind＋1.4 * Crane＋
1.44 * Snow

      comb(162)＝＋300. *《俄标-SNIP》

      comb(163)＝1.4 * Dead

      comb(164)＝1.2 * Dead＋1.6 * Live＋1.6 * Dust

      comb(165)＝1.2 * Dead＋1.6 * Live＋1.6 * Dust＋0.8 * Wind

      comb(166)＝1.2 * Dead＋0.5 * Live＋0.5 * Dust＋1.3 * Wind

    comb(167)＝1.2 * Dead＋0.7 * Live＋0.7 * Dust＋1. * Seismicx/x＋1. * Seismicy/y
＋1. * Seismicz/z

      comb(168)＝0.9 * Dead＋1. * Seismicx/x＋1. * Seismicy/y＋1. * Seismicz/z

      comb(169)＝0.9 * Dead＋1.3 * Wind

      comb(170)＝0.9 * Dead＋－1.3 * Wind

      comb(171)＝1.4 * Dead＋1.2 * Temp

      comb(172)＝1.2 * Dead＋1.6 * Live＋1.6 * Dust＋1.2 * Temp

      comb(173)＝1.2 * Dead＋1.6 * Live＋1.6 * Dust＋1.2 * Temp＋0.8 * Wind

      comb(174)＝1.2 * Dead＋0.5 * Live＋0.5 * Dust＋1.2 * Temp＋1.3 * Wind

    comb(175)＝1.2 * Dead＋0.7 * Live＋0.7 * Dust＋1.2 * Temp＋1. * Seismicx/x＋1.
* Seismicy/y＋1. * Seismicz/z

    comb(176)＝0.9 * Dead＋1.2 * Temp＋1. * Seismicx/x＋1. * Seismicy/y＋1. * Seis-
micz/z

      comb(177)＝0.9 * Dead＋1.2 * Temp＋1.3 * Wind

      comb(178)＝0.9 * Dead＋1.2 * Temp＋－1.3 * Wind

      comb(179)＝1.4 * Dead＋1.4 * Crane

      comb(180)＝1.2 * Dead＋1.6 * Live＋1.6 * Dust＋1.4 * Crane

      comb(181)＝1.2 * Dead＋1.6 * Live＋1.6 * Dust＋0.8 * Wind＋1.4 * Crane

      comb(182)＝1.2 * Dead＋0.5 * Live＋0.5 * Dust＋1.3 * Wind＋1.4 * Crane

      comb(183)＝0.9 * Dead＋1.3 * Wind＋1.4 * Crane

      comb(184)＝0.9 * Dead＋－1.3 * Wind＋1.4 * Crane

      comb(185)＝＋400. *《美标-UBC》

      comb(186)＝1.4 * Dead

      comb(187)＝1.2 * Dead＋0.5 * Live＋1.2 * Temp

comb(188)=1. 2 * Dead+0. 5 * Dust+1. 2 * Temp

comb(189)=1. 2 * Dead+1. 2 * Temp+0. 5 * Snow

comb(190)=1. 2 * Dead+0. 5 * Live+0. 5 * Dust+1. 2 * Temp

comb(191)=1. 2 * Dead+0. 5 * Dust+1. 2 * Temp+0. 5 * Snow

comb(192)=1. 2 * Dead+1. 6 * Live+0. 8 * Wind

comb(193)=1. 2 * Dead+1. 6 * Dust+0. 8 * Wind

comb(194)=1. 2 * Dead+0. 8 * Wind+1. 6 * Snow

comb(195)=1. 2 * Dead+1. 6 * Live+1. 6 * Dust+0. 8 * Wind

comb(196)=1. 2 * Dead+1. 6 * Dust+0. 8 * Wind+1. 6 * Snow

comb(197)=1. 2 * Dead+0. 5 * Live+1. 6 * Wind

comb(198)=1. 2 * Dead+0. 5 * Dust+1. 6 * Wind

comb(199)=1. 2 * Dead+1. 6 * Wind+0. 5 * Snow

comb(200)=1. 2 * Dead+0. 5 * Live+0. 5 * Dust+1. 6 * Wind

comb(201)=1. 2 * Dead+0. 5 * Dust+1. 6 * Wind+0. 5 * Snow

comb(202)=1. 2 * Dead+0. 2 * Dust+1. * Seismicx/x+1. * Seismicy/y+1. * Seismicz/z

comb(203)=1. 2 * Dead+1. * Seismicx/x+1. * Seismicy/y+1. * Seismicz/z+0. 2 * Snow

comb(204)=1. 2 * Dead+0. 2 * Dust+1. * Seismicx/x+1. * Seismicy/y+1. * Seismicz/z+0. 2 * Snow

comb(205)=0. 9 * Dead+1. 6 * Wind

comb(206)=0. 9 * Dead+1. * Seismicx/x+1. * Seismicy/y+1. * Seismicz/z

comb(207)=1. 4 * Dead+0. 2 * Dust+1. 3 * Seismicx/x+1. 3 * Seismicy/y

comb(208)=1. 4 * Dead+1. 3 * Seismicx/x+1. 3 * Seismicy/y+0. 2 * Snow

comb(209)=1. 4 * Dead+0. 2 * Dust+1. 3 * Seismicx/x+1. 3 * Seismicy/y+0. 2 * Snow

comb(210)=0. 75 * Dead+1. * Seismicx/x+1. * Seismicy/y

comb(211)=1. 4 * Dead+1. 4 * Crane

comb(212)=1. 2 * Dead+0. 5 * Live+1. 2 * Temp+1. 4 * Crane

comb(213)=1. 2 * Dead+0. 5 * Dust+1. 2 * Temp+1. 4 * Crane

comb(214)=1. 2 * Dead+1. 2 * Temp+1. 4 * Crane+0. 5 * Snow

comb(215)=1. 2 * Dead+0. 5 * Live+0. 5 * Dust+1. 2 * Temp+1. 4 * Crane

comb(216)=1. 2 * Dead+0. 5 * Dust+1. 2 * Temp+1. 4 * Crane+0. 5 * Snow

comb(217)=1. 2 * Dead+1. 6 * Live+0. 8 * Wind+1. 4 * Crane

comb(218)=1. 2 * Dead+1. 6 * Dust+0. 8 * Wind+1. 4 * Crane

comb(219)=1. 2 * Dead+0. 8 * Wind+1. 4 * Crane+1. 6 * Snow

comb(220)=1. 2 * Dead+1. 6 * Live+1. 6 * Dust+0. 8 * Wind+1. 4 * Crane

comb(221)=1. 2 * Dead+1. 6 * Dust+0. 8 * Wind+1. 4 * Crane+1. 6 * Snow comb(222)＝1. 2 * Dead＋0. 5 * Live＋1. 6 * Wind＋1. 4 * Crane

comb(223)＝1. 2 * Dead＋0. 5 * Dust＋1. 6 * Wind＋1. 4 * Crane

comb(224)＝1. 2 * Dead＋1. 6 * Wind＋1. 4 * Crane＋0. 5 * Snow

comb(225)＝1. 2 * Dead＋0. 5 * Live＋0. 5 * Dust＋1. 6 * Wind＋1. 4 * Crane

comb(226)＝1. 2 * Dead＋0. 5 * Dust＋1. 6 * Wind＋1. 4 * Crane＋0. 5 * Snow

comb(227)＝0. 9 * Dead＋1. 6 * Wind＋1. 4 * Crane

comb(228)＝＋500. *《美标-ASCE7-5》

comb(229)＝1. 15 * Dead＋1. 5 * Live＋1. 05 * Dust＋1. 05 * Temp＋0. 9 * Wind

comb(230)＝1. 15 * Dead＋1. 05 * Live＋1. 5 * Dust＋1. 05 * Temp＋0. 9 * Wind

comb(231)＝1. 15 * Dead＋1. 5 * Live＋1. 05 * Dust＋1. 05 * Temp

comb(232)＝1. 15 * Dead＋1. 05 * Live＋1. 5 * Dust＋1. 05 * Temp

comb(233)＝1. 35 * Dead＋1. 05 * Live＋1. 05 * Dust＋1. 05 * Temp＋0. 9 * Wind

comb(234)＝1. 15 * Dead＋1. 05 * Live＋1. 05 * Dust＋1. 05 * Temp＋1. 5 * Wind

comb(235)＝1. * Dead＋0. 8 * Live＋0. 8 * Dust＋0. 8 * Temp＋1. * Seismicx/x＋1. * Seismicy/y＋1. * Seismicz/z

comb(236)＝1. * Dead＋0. 3 * Live＋0. 3 * Dust＋0. 3 * Temp＋1. * Seismicx/x＋1. * Seismicy/y＋1. * Seismicz/z

comb(237)＝1. * Dead＋1. 5 * Wind

comb(238)＝1. * Dead＋1. * Live＋0. 7 * Dust＋0. 7 * Temp＋0. 6 * Wind

comb(239)＝1. * Dead＋0. 7 * Live＋1. * Dust＋0. 7 * Temp＋0. 6 * Wind

comb(240)＝1. * Dead＋0. 7 * Live＋0. 7 * Dust＋0. 7 * Temp＋1. * Wind

comb(241)＝1. * Dead＋0. 9 * Live＋0. 8 * Dust＋0. 8 * Temp

comb(242)＝1. * Dead＋0. 8 * Live＋0. 9 * Dust＋0. 8 * Temp

comb(243)＝1. * Dead＋0. 5 * Live＋0. 3 * Dust＋0. 3 * Temp

comb(244)＝1. * Dead＋0. 3 * Live＋0. 5 * Dust＋0. 3 * Temp

comb(245)＝1. * Dead＋0. 8 * Live＋0. 8 * Dust＋0. 8 * Temp＋0. 2 * Wind

comb(246)＝1. * Dead＋0. 3 * Live＋0. 3 * Dust＋0. 3 * Temp＋0. 2 * Wind

comb(247)＝1. * Dead＋0. 8 * Live＋0. 8 * Dust＋0. 8 * Temp

comb(248)＝1. * Dead＋0. 3 * Live＋0. 3 * Dust＋0. 3 * Temp

comb(249)＝1. 35 * Dead＋1. 5 * Live＋1. 05 * Dust＋1. 05 * Temp＋0. 9 * Wind

comb(250)＝1. 35 * Dead＋1. 05 * Live＋1. 5 * Dust＋1. 05 * Temp＋0. 9 * Wind

comb(251)＝1. 35 * Dead＋1. 05 * Live＋1. 05 * Dust＋1. 05 * Temp＋1. 5 * Wind

comb(252)＝1. * Dead＋0. 8 * Live＋0. 8 * Dust＋0. 8 * Temp＋1. * Seismicx/x＋1. * Seismicy/y＋1. * Seismicz/z

comb(253)＝1. * Dead＋0. 3 * Live＋0. 3 * Dust＋0. 3 * Temp＋1. * Seismicx/x＋1. * Seismicy/y＋1. * Seismicz/z

comb(254)＝1. * Dead＋1. * Live＋1. * Dust＋1. * Temp

comb(255)＝1. * Dead＋1. * Wind

comb(256)＝1.＊Dead＋0.75＊Live＋0.75＊Dust＋0.75＊Temp＋0.75＊Wind

comb(257)＝0.6＊Dead＋1.＊Wind

comb(258)＝1.＊Dead＋0.7＊Seismicx/x＋0.7＊Seismicy/y＋0.7＊Seismicz/z

comb(259)＝1.＊Dead＋0.75＊Live＋0.75＊Dust＋0.75＊Temp＋0.525＊Seismicx/x＋0.525＊Seismicy/y＋0.525＊Seismicz/z

comb(260)＝0.6＊Dead＋0.7＊Seismicx/x＋0.7＊Seismicy/y＋0.7＊Seismicz/z

comb(261)＝＋600.＊《欧标 EN-天津院》

comb(262)＝1.2＊Dead＋1.4＊Live

comb(263)＝1.＊Dead＋1.4＊Live

comb(264)＝1.2＊Dead＋1.4＊Dust

comb(265)＝1.＊Dead＋1.4＊Dust

comb(266)＝1.2＊Dead＋1.4＊Wind

comb(267)＝1.2＊Dead＋1.4＊Live＋0.84＊Wind

comb(268)＝1.2＊Dead＋0.98＊Live＋1.4＊Wind

comb(269)＝1.2＊Dead＋1.4＊Dust＋0.84＊Wind

comb(270)＝1.2＊Dead＋0.98＊Dust＋1.4＊Wind

comb(271)＝1.2＊Dead＋1.4＊Live＋0.98＊Dust

comb(272)＝1.＊Dead＋1.4＊Live＋0.98＊Dust

comb(273)＝1.2＊Dead＋0.98＊Live＋1.4＊Dust

comb(274)＝1.＊Dead＋0.98＊Live＋1.4＊Dust

comb(275)＝1.2＊Dead＋1.4＊Live＋0.98＊Dust＋0.84＊Wind

comb(276)＝1.2＊Dead＋0.98＊Live＋1.4＊Dust＋0.84＊Wind

comb(277)＝1.2＊Dead＋0.98＊Live＋0.98＊Dust＋1.4＊Wind

comb(278)＝1.2＊Dead＋1.4＊Live＋0.98＊Temp

comb(279)＝1.＊Dead＋1.4＊Live＋0.98＊Temp

comb(280)＝1.2＊Dead＋1.4＊Dust＋0.98＊Temp

comb(281)＝1.＊Dead＋1.4＊Dust＋0.98＊Temp

comb(282)＝1.2＊Dead＋0.98＊Temp＋1.4＊Wind

comb(283)＝1.2＊Dead＋1.4＊Live＋0.98＊Temp＋0.84＊Wind

comb(284)＝1.2＊Dead＋0.98＊Live＋0.98＊Temp＋1.4＊Wind

comb(285)＝1.2＊Dead＋1.4＊Dust＋0.98＊Temp＋0.84＊Wind

comb(286)＝1.2＊Dead＋0.98＊Dust＋0.98＊Temp＋1.4＊Wind

comb(287)＝1.2＊Dead＋1.4＊Live＋0.98＊Dust＋0.98＊Temp

comb(288)＝1.＊Dead＋1.4＊Live＋0.98＊Dust＋0.98＊Temp

comb(289)＝1.2＊Dead＋0.98＊Live＋1.4＊Dust＋0.98＊Temp

comb(290)＝1.＊Dead＋0.98＊Live＋1.4＊Dust＋0.98＊Temp

comb(291)＝1.2＊Dead＋1.4＊Live＋0.98＊Dust＋0.98＊Temp＋0.84＊Wind

comb(292)＝1.2＊Dead＋0.98＊Live＋1.4＊Dust＋0.98＊Temp＋0.84＊Wind

comb(293)＝1.2＊Dead＋0.98＊Live＋0.98＊Dust＋0.98＊Temp＋1.4＊Wind

comb(294)＝＋700.＊《阿尔及利亚＋天津院》

comb(295)＝1.35＊Dead

comb(296)＝1.35＊Dead＋1.5＊Live＋1.5＊Dust

comb(297)＝1.35＊Dead＋1.5＊Dust＋1.5＊Snow

comb(298)＝1.35＊Dead＋1.5＊Crane

comb(299)＝1.35＊Dead＋1.5＊Wind

comb(300)＝1.＊Dead

comb(301)＝1.＊Dead＋1.5＊Live＋1.5＊Dust

comb(302)＝1.＊Dead＋1.5＊Dust＋1.5＊Snow

comb(303)＝1.＊Dead＋1.5＊Crane

comb(304)＝1.＊Dead＋1.5＊Wind

comb(305)＝1.35＊Dead＋1.5＊Live＋1.5＊Dust＋1.31＊Crane

comb(306)＝1.35＊Dead＋1.5＊Dust＋1.31＊Crane＋1.5＊Snow

comb(307)＝1.35＊Dead＋1.5＊Live＋1.5＊Dust＋1.005＊Wind

comb(308)＝1.35＊Dead＋1.5＊Dust＋1.005＊Wind＋1.5＊Snow

comb(309)＝1.35＊Dead＋1.005＊Wind＋1.5＊Crane

comb(310)＝1.＊Dead＋1.5＊Live＋1.5＊Dust＋1.31＊Crane

comb(311)＝1.＊Dead＋1.5＊Dust＋1.31＊Crane＋1.5＊Snow

comb(312)＝1.＊Dead＋1.5＊Live＋1.5＊Dust＋1.005＊Wind

comb(313)＝1.＊Dead＋1.5＊Dust＋1.005＊Wind＋1.5＊Snow

comb(314)＝1.＊Dead＋1.005＊Wind＋1.5＊Crane

comb(315)＝1.35＊Dead＋1.31＊Live＋1.31＊Dust＋1.5＊Crane

comb(316)＝1.35＊Dead＋1.31＊Dust＋1.5＊Crane＋1.31＊Snow

comb(317)＝1.35＊Dead＋1.31＊Live＋1.31＊Dust＋1.5＊Wind

comb(318)＝1.35＊Dead＋1.31＊Dust＋1.5＊Wind＋1.31＊Snow

comb(319)＝1.＊Dead＋1.31＊Live＋1.31＊Dust＋1.5＊Crane

comb(320)＝1.＊Dead＋1.31＊Dust＋1.5＊Crane＋1.31＊Snow

comb(321)＝1.＊Dead＋1.31＊Live＋1.31＊Dust＋1.5＊Wind

comb(322)＝1.＊Dead＋1.31＊Dust＋1.5＊Wind＋1.31＊Snow

comb(323)＝1.35＊Dead＋1.5＊Live＋1.5＊Dust＋1.005＊Wind＋1.31＊Crane

comb(324)＝1.35＊Dead＋1.5＊Dust＋1.005＊Wind＋1.31＊Crane＋1.5＊Snow

comb(325)＝1.35＊Dead＋1.31＊Live＋1.31＊Dust＋1.005＊Wind＋1.5＊Crane

comb(326)＝1.35＊Dead＋1.31＊Dust＋1.005＊Wind＋1.5＊Crane＋1.31＊Snow

comb(327)＝1.35＊Dead＋1.31＊Live＋1.31＊Dust＋1.5＊Wind＋1.31＊Crane

comb(328)=1.35 * Dead+1.31 * Dust+1.5 * Wind+1.31 * Crane+1.31 * Snow

comb(329)=1. * Dead+1.5 * Live+1.5 * Dust+1.005 * Wind+1.31 * Crane

comb(330)=1. * Dead+1.5 * Dust+1.005 * Wind+1.31 * Crane+1.5 * Snow

comb(331)=1. * Dead+1.31 * Live+1.31 * Dust+1.005 * Wind+1.5 * Crane

comb(332)=1. * Dead+1.31 * Dust+1.005 * Wind+1.5 * Crane+1.31 * Snow

comb(333)=1. * Dead+1.31 * Live+1.31 * Dust+1.5 * Wind+1.31 * Crane

comb(334)=1. * Dead+1.31 * Dust+1.5 * Wind+1.31 * Crane+1.31 * Snow

comb(335)=1.35 * Dead+1.5 * Live+1.5 * Dust+0.8 * Temp+1.31 * Crane

comb(336)=1.35 * Dead+1.5 * Dust+0.8 * Temp+1.31 * Crane+1.5 * Snow

comb(337)=1.35 * Dead+1.31 * Live+1.31 * Dust+0.8 * Temp+1.5 * Crane

comb(338)=1.35 * Dead+1.31 * Dust+0.8 * Temp+1.5 * Crane+1.31 * Snow

comb(339)=1.35 * Dead+1.5 * Live+1.5 * Dust+0.8 * Temp+1.005 * Wind+1.31 * Crane

comb(340)=1.35 * Dead+1.5 * Dust+0.8 * Temp+1.005 * Wind+1.31 * Crane+1.5 * Snow

comb(341)=1.35 * Dead+1.31 * Live+1.31 * Dust+0.8 * Temp+1.005 * Wind+1.5 * Crane

comb(342)=1.35 * Dead+1.31 * Dust+0.8 * Temp+1.005 * Wind+1.5 * Crane+1.31 * Snow

comb(343)=1.35 * Dead+0.8 * Temp+1.5 * Wind

comb(344)=1.35 * Dead+1.31 * Live+1.31 * Dust+0.8 * Temp+1.5 * Wind

comb(345)=1.35 * Dead+1.31 * Dust+0.8 * Temp+1.5 * Wind+1.31 * Snow

comb(346)=1.35 * Dead+1.31 * Live+1.31 * Dust+1.5 * Temp+1.005 * Wind

comb(347)=1.35 * Dead+1.31 * Dust+1.5 * Temp+1.005 * Wind+1.31 * Snow

comb(348)=1. * Dead+1.5 * Live+1.5 * Dust+0.8 * Temp

comb(349)=1. * Dead+1.5 * Dust+0.8 * Temp+1.5 * Snow

comb(350)=1. * Dead+1.31 * Live+1.31 * Dust+0.8 * Temp

comb(351)=1. * Dead+1.31 * Dust+0.8 * Temp+1.31 * Snow

comb(352)=1. * Dead+1.5 * Live+1.5 * Dust+0.8 * Temp+1.005 * Wind

comb(353)=1. * Dead+1.5 * Dust+0.8 * Temp+1.005 * Wind+1.5 * Snow

comb(354)=1. * Dead+1.31 * Live+1.31 * Dust+0.8 * Temp+1.005 * Wind

comb(355)=1. * Dead+1.31 * Dust+0.8 * Temp+1.005 * Wind+1.31 * Snow

comb(356)=1. * Dead+0.8 * Temp+1.5 * Wind

comb(357)=1. * Dead+1.31 * Live+1.31 * Dust+0.8 * Temp+1.5 * Wind+1.31

* Crane

comb(358)＝1. * Dead＋1.31 * Dust＋0.8 * Temp＋1.5 * Wind＋1.31 * Crane＋1.31 * Snow

comb(359)＝1. * Dead＋1.31 * Live＋1.31 * Dust＋1.5 * Temp＋1.005 * Wind＋1.31 * Crane

comb(360)＝1. * Dead＋1.31 * Dust＋1.5 * Temp＋1.005 * Wind＋1.31 * Crane＋1.31 * Snow

comb(361)＝1. * Dead＋1. * Live＋1. * Dust＋1. * Crane＋1. * Seismicx/x

comb(362)＝1. * Dead＋1. * Live＋1. * Dust＋1. * Crane＋1. * Seismicy/y

comb(363)＝1. * Dead＋1. * Live＋1. * Dust＋1. * Crane＋1. * Seismicz/z

comb(364)＝1. * Dead＋1. * Dust＋1. * Crane＋1. * Seismicx/x＋1. * Snow

comb(365)＝1. * Dead＋1. * Dust＋1. * Crane＋1. * Seismicy/y＋1. * Snow

comb(366)＝1. * Dead＋1. * Dust＋1. * Crane＋1. * Seismicz/z＋1. * Snow

comb(367)＝1. * Dead＋1. * Live＋1. * Dust＋1. * Crane＋1.2 * Seismicx/x

comb(368)＝1. * Dead＋1. * Live＋1. * Dust＋1. * Crane＋1.2 * Seismicy/y

comb(369)＝1. * Dead＋1. * Live＋1. * Dust＋1. * Crane＋1.2 * Seismicz/z

comb(370)＝1. * Dead＋1. * Dust＋1. * Crane＋1.2 * Seismicx/x＋1. * Snow

comb(371)＝1. * Dead＋1. * Dust＋1. * Crane＋1.2 * Seismicy/y＋1. * Snow

comb(372)＝1. * Dead＋1. * Dust＋1. * Crane＋1.2 * Seismicz/z＋1. * Snow

comb(373)＝1. * Dead＋1. * Live＋1. * Dust＋1. * Crane＋1.25 * Seismicx/x

comb(374)＝1. * Dead＋1. * Live＋1. * Dust＋1. * Crane＋1.25 * Seismicy/y

comb(375)＝1. * Dead＋1. * Live＋1. * Dust＋1. * Crane＋1.25 * Seismicz/z

comb(376)＝1. * Dead＋1. * Dust＋1.25 * Seismicx/x＋1. * Snow

comb(377)＝1. * Dead＋1. * Dust＋1.25 * Seismicy/y＋1. * Snow

comb(378)＝1. * Dead＋1. * Dust＋1.25 * Seismicz/z＋1. * Snow

comb(379)＝1. * Dead＋1. * Dust＋1. * Crane＋1.25 * Seismicx/x＋1. * Snow

comb(380)＝1. * Dead＋1. * Dust＋1. * Crane＋1.25 * Seismicy/y＋1. * Snow

comb(381)＝1. * Dead＋1. * Dust＋1. * Crane＋1.25 * Seismicz/z＋1. * Snow

comb(382)＝0.8 * Dead＋1. * Seismicx/x

comb(383)＝0.8 * Dead＋1. * Seismicy/y

comb(384)＝0.8 * Dead＋1. * Seismicz/z

comb(385)＝1. * Dead＋1. * Live＋1. * Dust＋1. * Crane＋1.5 * Seismicx/x

comb(386)＝1. * Dead＋1. * Live＋1. * Dust＋1. * Crane＋1.5 * Seismicy/y

comb(387)＝1. * Dead＋1. * Live＋1. * Dust＋1. * Crane＋1.5 * Seismicz/z

comb(388)＝1. * Dead＋1. * Dust＋1. * Crane＋1.5 * Seismicx/x＋1. * Snow

comb(389)＝1. * Dead＋1. * Dust＋1. * Crane＋1.5 * Seismicy/y＋1. * Snow

comb(390)＝1. * Dead＋1. * Dust＋1. * Crane＋1.5 * Seismicz/z＋1. * Snow

comb(391)＝0.8 * Dead＋1.25 * Seismicx/x

comb(392)＝0.8 * Dead＋1.25 * Seismicy/y

comb(393)＝0.8 * Dead＋1.25 * Seismicz/z

comb(394)＝0.8 * Dead＋1.5 * Seismicx/x

comb(395)＝0.8 * Dead＋1.5 * Seismicy/y

comb(396)＝0.8 * Dead＋1.5 * Seismicz/z

comb(397)＝1. * Dead

comb(398)＝1. * Dead＋1. * Live＋1. * Dust

comb(399)＝1. * Dead＋1. * Dust＋1. * Snow

comb(400)＝1. * Dead＋1. * Crane

comb(401)＝1. * Dead＋1. * Wind

comb(402)＝1. * Dead＋1. * Live＋1. * Dust＋1. * Crane

comb(403)＝1. * Dead＋1. * Dust＋1. * Crane＋1. * Snow

comb(404)＝1. * Dead＋1. * Live＋1. * Dust＋0.77 * Wind

comb(405)＝1. * Dead＋1. * Dust＋0.77 * Wind＋1. * Snow

comb(406)＝1. * Dead＋0.77 * Wind＋1. * Crane

comb(407)＝1. * Dead＋1. * Live＋1. * Dust＋0.6 * Temp＋0.77 * Wind

comb(408)＝1. * Dead＋1. * Dust＋0.6 * Temp＋0.77 * Wind＋1. * Snow

comb(409)＝1. * Dead＋0.77 * Wind＋1. * Crane

comb(410)＝1. * Dead＋0.77 * Live＋0.77 * Dust＋0.6 * Temp＋1. * Wind

comb(411)＝1. * Dead＋0.77 * Dust＋0.6 * Temp＋1. * Wind＋0.77 * Snow

comb(412)＝1. * Dead＋0.6 * Temp＋1. * Wind＋0.77 * Crane

comb(413)＝1. * Dead＋1. * Temp

comb(414)＝1. * Dead＋1. * Live＋1. * Dust＋0.53 * Temp＋0.67 * Wind

comb(415)＝1. * Dead＋1. * Dust＋0.53 * Temp＋0.67 * Wind＋1. * Snow

comb(416)＝1. * Dead＋0.53 * Temp＋0.67 * Wind＋1. * Crane

comb(417)＝1. * Dead＋0.87 * Live＋0.87 * Dust＋0.53 * Temp＋1. * Wind

comb(418)＝1. * Dead＋0.87 * Dust＋0.53 * Temp＋1. * Wind＋0.87 * Snow

comb(419)＝1. * Dead＋0.53 * Temp＋1. * Wind＋0.87 * Crane

comb(420)＝1. * Dead＋1. * Live＋1. * Dust＋0.2 * Wind＋1. * Crane

comb(421)＝1. * Dead＋1. * Dust＋0.2 * Wind＋1. * Crane＋1. * Snow

comb(422)＝＋800. *《阿尔及利亚》

comb(423)＝1.15 * Dead＋1.5 * Live＋1.05 * Dust＋1.05 * Temp＋0.9 * Wind

comb(424)＝1.15 * Dead＋1.05 * Live＋1.5 * Dust＋1.05 * Temp＋0.9 * Wind

comb(425)＝1.15 * Dead＋1.5 * Live＋1.05 * Dust＋1.05 * Temp

comb(426)＝1.15 * Dead＋1.05 * Live＋1.5 * Dust＋1.05 * Temp

comb(427)＝1.35 * Dead＋1.05 * Live＋1.05 * Dust＋1.05 * Temp＋0.9 * Wind

comb(428)＝1.15 * Dead＋1.05 * Live＋1.05 * Dust＋1.05 * Temp＋1.5 * Wind

comb(429)＝1. * Dead＋0.8 * Live＋0.8 * Dust＋0.8 * Temp＋1. * Seismicx/x＋1.

＊Seismicy/y＋1. ＊Seismicz/z

comb(430)＝1. ＊Dead＋0. 3＊Live＋0. 3＊Dust＋0. 3＊Temp＋1. ＊Seismicx/x＋1.
＊Seismicy/y＋1. ＊Seismicz/z

comb(431)＝1. ＊Dead＋1. 5＊Wind

comb(432)＝1. ＊Dead＋1. ＊Live＋0. 7＊Dust＋0. 7＊Temp＋0. 6＊Wind

comb(433)＝1. ＊Dead＋0. 7＊Live＋1. ＊Dust＋0. 7＊Temp＋0. 6＊Wind

comb(434)＝1. ＊Dead＋0. 7＊Live＋0. 7＊Dust＋0. 7＊Temp＋1. ＊Wind

comb(435)＝1. ＊Dead＋0. 9＊Live＋0. 8＊Dust＋0. 8＊Temp

comb(436)＝1. ＊Dead＋0. 8＊Live＋0. 9＊Dust＋0. 8＊Temp

comb(437)＝1. ＊Dead＋0. 5＊Live＋0. 3＊Dust＋0. 3＊Temp

comb(438)＝1. ＊Dead＋0. 3＊Live＋0. 5＊Dust＋0. 3＊Temp

comb(439)＝1. ＊Dead＋0. 8＊Live＋0. 8＊Dust＋0. 8＊Temp＋0. 2＊Wind

comb(440)＝1. ＊Dead＋0. 3＊Live＋0. 3＊Dust＋0. 3＊Temp＋0. 2＊Wind

comb(441)＝1. ＊Dead＋0. 8＊Live＋0. 8＊Dust＋0. 8＊Temp

comb(442)＝1. ＊Dead＋0. 3＊Live＋0. 3＊Dust＋0. 3＊Temp

comb(443)＝1. 35＊Dead＋1. 5＊Live＋1. 05＊Dust＋1. 05＊Temp＋0. 9＊Wind

comb(444)＝1. 35＊Dead＋1. 05＊Live＋1. 5＊Dust＋1. 05＊Temp＋0. 9＊Wind

comb(445)＝1. 35＊Dead＋1. 05＊Live＋1. 05＊Dust＋1. 05＊Temp＋1. 5＊Wind

comb(446)＝1. ＊Dead＋0. 8＊Live＋0. 8＊Dust＋0. 8＊Temp＋1. ＊Seismicx/x＋1.
＊Seismicy/y＋1. ＊Seismicz/z

comb(447)＝1. ＊Dead＋0. 3＊Live＋0. 3＊Dust＋0. 3＊Temp＋1. ＊Seismicx/x＋1.
＊Seismicy/y＋1. ＊Seismicz/z

comb(448)＝1. ＊Dead＋1. ＊Live＋1. ＊Dust＋1. ＊Temp

comb(449)＝1. ＊Dead＋1. ＊Wind

comb(450)＝1. ＊Dead＋0. 75＊Live＋0. 75＊Dust＋0. 75＊Temp＋0. 75＊Wind

comb(451)＝0. 6＊Dead＋1. ＊Wind

comb(452)＝1. ＊Dead＋0. 7＊Seismicx/x＋0. 7＊Seismicy/y＋0. 7＊Seismicz/z

comb(453)＝1. ＊Dead＋0. 75＊Live＋0. 75＊Dust＋0. 75＊Temp＋0. 525＊Seismicx/
x＋0. 525＊Seismicy/y＋0. 525＊Seismicz/z

comb(454)＝0. 6＊Dead＋0. 7＊Seismicx/x＋0. 7＊Seismicy/y＋0. 7＊Seismicz/z

comb(455)＝＋900. ＊《欧标 EN-天津院》

comb(456)＝1. ＊Dead

comb(457)＝＋1. ＊Live

comb(458)＝＋1. ＊Dust

comb(459)＝1. ＊Dead＋1. ＊Live＋1. ＊Dust

comb(460)＝1. ＊Dead＋0. 833＊Live＋0. 833＊Dust＋0. 714286＊Seismicx/x

comb(461)＝1. ＊Dead＋0. 833＊Live＋0. 833＊Dust＋0. 714286＊Seismicy/y

comb(462)＝0. 9＊Dead＋0. 714286＊Seismicx/x

comb(463)＝0.9 * Dead＋0.714286 * Seismicy/y

comb(464)＝1.4 * Dead＋1.6 * Live＋1.6 * Dust

comb(465)＝1.4 * Dead＋1.4 * Temp

comb(466)＝1.12 * Dead＋1.28 * Live＋1.28 * Dust＋1.12 * Temp

comb(467)＝1.12 * Dead＋1. * Live＋1. * Dust＋1. * Seismicx/x

comb(468)＝1.12 * Dead＋1. * Live＋1. * Dust＋1. * Seismicy/y

comb(469)＝0.9 * Dead＋1. * Seismicx/x

comb(470)＝0.9 * Dead＋1. * Seismicy/y

comb(471)＝1. * Dead＋1. * Live＋1. * Dust＋1. * Wind

comb(472)＝0.9 * Dead＋1.3 * Wind

comb(473)＝1.12 * Dead＋1.28 * Live＋1.28 * Dust＋1.28 * Wind

comb(474)＝1. * Dead＋1. * Live＋1. * Dust＋1. * Temp

comb(475)＝1.35 * Dead

comb(476)＝1.35 * Dead＋1.4 * Live

comb(477)＝1.35 * Dead＋1.4 * Dust

comb(478)＝1.35 * Dead＋0.98 * Live＋1.26 * Dust

comb(479)＝1.2 * Dead＋1.4 * Live＋1.26 * Dust

comb(480)＝1.2 * Dead＋0.98 * Live＋1.4 * Dust

comb(481)＝1.35 * Dead＋0.84 * Temp

comb(482)＝1.2 * Dead＋1.4 * Live＋1.26 * Dust＋0.84 * Temp

comb(483)＝1.2 * Dead＋0.98 * Live＋1.4 * Dust＋0.84 * Temp

comb(484)＝1.35 * Dead＋0.98 * Live＋1.26 * Dust＋0.84 * Temp＋0.84 * Wind

comb(485)＝1.2 * Dead＋1.4 * Live＋1.26 * Dust＋0.84 * Temp＋0.84 * Wind

comb(486)＝1.2 * Dead＋0.98 * Live＋1.4 * Dust＋0.84 * Temp＋0.84 * Wind

comb(487)＝1.2 * Dead＋0.98 * Live＋1.26 * Dust＋0.84 * Temp＋1.4 * Wind

comb(488)＝1.35 * Dead＋0.98 * Live＋1.26 * Dust＋0.84 * Wind

comb(489)＝1.2 * Dead＋1.4 * Live＋1.26 * Dust＋0.84 * Wind

comb(490)＝1.2 * Dead＋0.98 * Live＋1.4 * Dust＋0.84 * Wind

comb(491)＝1.2 * Dead＋0.98 * Live＋1.26 * Dust＋1.4 * Wind

comb(492)＝1.2 * Dead＋0.84 * Temp＋1.4 * Wind

comb(493)＝1. * Dead＋0.84 * Temp＋1.4 * Wind

comb(494)＝1.35 * Dead＋1.4 * Wind

comb(495)＝1. * Dead＋1.4 * Wind

comb(496)＝1.35 * Dead＋1.4 * Crane

comb(497)＝1.2 * Dead＋1.4 * Live＋0.98 * Crane

comb(498)＝1.2 * Dead＋0.98 * Live＋1.4 * Crane

comb(499)＝1.2 * Dead＋1.4 * Dust＋0.98 * Crane

comb(500)=1. 2 * Dead+0. 98 * Dust+1. 4 * Crane

comb(501)=1. 35 * Dead+0. 98 * Live+1. 26 * Dust+0. 98 * Crane

comb(502)=1. 2 * Dead+1. 4 * Live+1. 26 * Dust+0. 98 * Crane

comb(503)=1. 2 * Dead+0. 98 * Live+1. 4 * Dust+0. 98 * Crane

comb(504)=1. 2 * Dead+0. 98 * Live+1. 26 * Dust+1. 4 * Crane

comb(505)=1. 2 * Dead+0. 84 * Temp+1. 4 * Crane

comb(506)=1. 2 * Dead+1. 4 * Live+1. 26 * Dust+0. 84 * Temp+0. 98 * Crane

comb(507)=1. 2 * Dead+0. 98 * Live+1. 4 * Dust+0. 84 * Temp+0. 98 * Crane

comb(508)=1. 2 * Dead+0. 98 * Live+1. 26 * Dust+0. 84 * Temp+1. 4 * Crane

comb(509)=1. 35 * Dead+0. 98 * Live+1. 26 * Dust+0. 84 * Temp+0. 84 * Wind+0. 98 * Crane

comb(510)=1. 2 * Dead+1. 4 * Live+1. 26 * Dust+0. 84 * Temp+0. 84 * Wind+0. 98 * Crane

comb(511)=1. 2 * Dead+0. 98 * Live+1. 4 * Dust+0. 84 * Temp+0. 84 * Wind+0. 98 * Crane

comb(512)=1. 2 * Dead+0. 98 * Live+1. 26 * Dust+0. 84 * Temp+1. 4 * Wind+0. 98 * Crane

comb(513)=1. 2 * Dead+0. 98 * Live+1. 26 * Dust+0. 84 * Temp+0. 84 * Wind+1. 4 * Crane

comb(514) = 1. 35 * Dead + 0. 98 * Live + 1. 26 * Dust + 0. 84 * Wind + 0. 98 * Crane

comb(515)=1. 2 * Dead+1. 4 * Live+1. 26 * Dust+0. 84 * Wind+0. 98 * Crane

comb(516)=1. 2 * Dead+0. 98 * Live+1. 4 * Dust+0. 84 * Wind+0. 98 * Crane

comb(517)=1. 2 * Dead+0. 98 * Live+1. 26 * Dust+1. 4 * Wind+0. 98 * Crane

comb(518)=1. 2 * Dead+0. 98 * Live+1. 26 * Dust+0. 84 * Wind+1. 4 * Crane

comb(519)=1. 2 * Dead+0. 84 * Temp+1. 4 * Wind+0. 98 * Crane

comb(520)=1. 2 * Dead+0. 84 * Temp+0. 84 * Wind+1. 4 * Crane

comb(521)=1. * Dead+0. 84 * Temp+1. 4 * Wind+0. 98 * Crane

comb(522)=1. * Dead+0. 84 * Temp+0. 84 * Wind+1. 4 * Crane

comb(523)=1. 35 * Dead+1. 4 * Wind+0. 98 * Crane

comb(524)=1. * Dead+1. 4 * Wind+0. 98 * Crane

comb(525)=1. * Dead+0. 84 * Wind+1. 4 * Crane

comb(526)=1. 2 * Dead+0. 6 * Dust+1. 3 * Seismicx/x+1. 3 * Seismicy/y+0. 5 * Seismicz/z

comb(527)=1. 2 * Dead+0. 6 * Dust+1. 3 * Seismicx/x+1. 3 * Seismicy/y

comb(528)=1. 2 * Dead+0. 6 * Dust+1. 3 * Seismicz/z

comb(529)=1. * Dead+0. 5 * Dust+1. 3 * Seismicx/x+1. 3 * Seismicy/y+0. 5 * Seismicz/z

144

comb(530)＝1. ＊Dead＋0. 5＊Dust＋1. 3＊Seismicx/x＋1. 3＊Seismicy/y

comb(531)＝1. ＊Dead＋0. 5＊Dust＋1. 3＊Seismicz/z

comb(532)＝＋1000. ＊《埃及规范》

comb(533)＝1. 5＊Dead

comb(534)＝1. 2＊Dead＋1. 6＊Live

comb(535)＝1. 2＊Dead＋1. 6＊Dust

comb(536)＝1. 2＊Dead＋1. 3＊Wind

comb(537)＝0. 9＊Dead＋1. 3＊Wind

comb(538)＝1. 5＊Dead＋1. ＊Temp

comb(539)＝1. 2＊Dead＋1. 2＊Temp

comb(540)＝0. 9＊Dead＋1. ＊Temp＋1. 3＊Wind

comb(541)＝1. 2＊Dead＋1. ＊Temp＋1. 3＊Wind

comb(542)＝1. 2＊Dead＋1. 6＊Live＋1. ＊Temp

comb(543)＝1. 2＊Dead＋1. 6＊Dust＋1. ＊Temp

comb(544)＝1. 1＊Dead＋1. ＊Live

comb(545)＝1. 1＊Dead＋1. ＊Dust

comb(546)＝1. 1＊Dead＋0. 6＊Wind

comb(547)＝1. 1＊Dead＋0. 3＊Live

comb(548)＝1. 1＊Dead＋0. 3＊Dust

comb(549)＝1. 2＊Dead＋1. 6＊Seismicx/x＋1. 6＊Seismicy/y＋1. 6＊Seismicz/z

comb(550)＝＋1100. ＊《南非 SAN 规范》

comb(551)＝1. 4＊Dead

comb(552)＝1. 2＊Dead＋0. 5＊Live＋1. 2＊Temp

comb(553)＝1. 2＊Dead＋0. 5＊Dust＋1. 2＊Temp

comb(554)＝1. 2＊Dead＋1. 2＊Temp＋0. 5＊Snow

comb(555)＝1. 2＊Dead＋0. 5＊Live＋0. 5＊Dust＋1. 2＊Temp

comb(556)＝1. 2＊Dead＋0. 5＊Dust＋1. 2＊Temp＋0. 5＊Snow

comb(557)＝1. 2＊Dead＋1. 6＊Live＋0. 5＊Wind

comb(558)＝1. 2＊Dead＋1. 6＊Dust＋0. 5＊Wind

comb(559)＝1. 2＊Dead＋0. 8＊Wind＋1. 6＊Snow

comb(560)＝1. 2＊Dead＋1. 6＊Live＋1. 6＊Dust＋0. 5＊Wind

comb(561)＝1. 2＊Dead＋1. 6＊Dust＋0. 5＊Wind＋1. 6＊Snow

comb(562)＝1. 2＊Dead＋0. 5＊Live＋1. ＊Wind

comb(563)＝1. 2＊Dead＋0. 5＊Dust＋1. ＊Wind

comb(564)＝1. 2＊Dead＋1. ＊Wind＋0. 5＊Snow

comb(565)＝1. 2＊Dead＋0. 5＊Live＋0. 5＊Dust＋1. ＊Wind

comb(566)＝1. 2＊Dead＋0. 5＊Dust＋1. ＊Wind＋0. 5＊Snow

comb(567)＝1. 2＊Dead＋0. 2＊Dust＋1. ＊Seismicx/x＋1. ＊Seismicy/y＋1. ＊Seismicz/z

comb(568)=1.2 * Dead+1. * Seismicx/x+1. * Seismicy/y+1. * Seismicz/z+0.2 * Snow

comb(569)=1.2 * Dead+0.2 * Dust+1. * Seismicx/x+1. * Seismicy/y+1. * Seismicz/z+0.2 * Snow

comb(570)=0.9 * Dead+1. * Wind

comb(571)=0.9 * Dead+1. * Seismicx/x+1. * Seismicy/y+1. * Seismicz/z

comb(572)=1. * Dead

comb(573)=1. * Dead+1. * Live+1. * Temp

comb(574)=1. * Dead+1. * Dust+1. * Temp

comb(575)=1. * Dead+1. * Temp+1. * Snow

comb(576)=1. * Dead+1. * Live+1. * Dust+1. * Temp

comb(577)=1. * Dead+1. * Dust+1. * Temp+1. * Snow

comb(578)=1. * Dead+0.75 * Live+0.75 * Temp

comb(579)=1. * Dead+0.75 * Dust+0.75 * Temp

comb(580)=1. * Dead+0.75 * Temp+0.75 * Snow

comb(581)=1. * Dead+0.75 * Live+0.75 * Dust+0.75 * Temp

comb(582)=1. * Dead+0.75 * Dust+0.75 * Temp+0.75 * Snow

comb(583)=1. * Dead+0.5 * Wind

comb(584)=1. * Dead+0.7 * Seismicx/x+0.7 * Seismicy/y+0.7 * Seismicz/z

comb(585)=1. * Dead+0.75 * Live+0.75 * Temp+0.45 * Wind

comb(586)=1. * Dead+0.75 * Dust+0.75 * Temp+0.45 * Wind

comb(587)=1. * Dead+0.75 * Temp+0.45 * Wind+0.75 * Snow

comb(588)=1. * Dead+0.75 * Live+0.75 * Dust+0.75 * Temp+0.45 * Wind

comb(589)=1. * Dead+0.75 * Dust+0.75 * Temp+0.45 * Wind+0.75 * Snow

comb(590)=1. * Dead+0.75 * Temp+0.525 * Seismicx/x+0.525 * Seismicy/y+0.525 * Seismicz/z+0.75 * Snow

comb(591)=1. * Dead+0.75 * Dust+0.75 * Temp+0.525 * Seismicx/x+0.525 * Seismicy/y+0.525 * Seismicz/z

comb(592)=1. * Dead+0.75 * Dust+0.75 * Temp+0.525 * Seismicx/x+0.525 * Seismicy/y+0.525 * Seismicz/z+0.75 * Snow

comb(593)=0.6 * Dead+0.6 * Wind

comb(594)=0.6 * Dead+0.7 * Seismicx/x+0.7 * Seismicy/y+0.7 * Seismicz/z

comb(595)=+1200. * 100

comb(596)=1.35 * Dead

comb(597)=1.35 * Dead+1.4 * Live

comb(598)=1.35 * Dead+1.4 * Dust

comb(599)=1.35 * Dead+0.98 * Live+1.26 * Dust

comb(600)=1.2 * Dead+1.4 * Live+1.26 * Dust

comb(601)=1.2 * Dead+0.98 * Live+1.4 * Dust

comb(602)=1.35 * Dead+0.84 * Temp

comb(603)=1.2 * Dead+1.4 * Live+1.26 * Dust+0.84 * Temp

comb(604)=1.2 * Dead+0.98 * Live+1.4 * Dust+0.84 * Temp

comb(605)=1.35 * Dead+1.26 * Dust+0.84 * Temp+0.84 * Wind

comb(606)=1.2 * Dead+1.26 * Dust+0.84 * Temp+0.84 * Wind

comb(607)=1.2 * Dead+1.4 * Dust+0.84 * Temp+0.84 * Wind

comb(608)=1.2 * Dead+1.26 * Dust+0.84 * Temp+1.4 * Wind

comb(609)=1.35 * Dead+1.26 * Dust+0.84 * Wind

comb(610)=1.2 * Dead+1.26 * Dust+0.84 * Wind

comb(611)=1.2 * Dead+1.4 * Dust+0.84 * Wind

comb(612)=1.2 * Dead+1.26 * Dust+1.4 * Wind

comb(613)=1.2 * Dead+0.84 * Temp+1.4 * Wind

comb(614)=1. * Dead+0.84 * Temp+1.4 * Wind

comb(615)=1.35 * Dead+1.4 * Wind

comb(616)=1. * Dead+1.4 * Wind

comb(617)=1.35 * Dead+1.4 * Crane

comb(618)=1.2 * Dead+1.4 * Live+0.98 * Crane

comb(619)=1.2 * Dead+0.98 * Live+1.4 * Crane

comb(620)=1.2 * Dead+1.4 * Dust+0.98 * Crane

comb(621)=1.2 * Dead+0.98 * Dust+1.4 * Crane

comb(622)=1.35 * Dead+0.98 * Live+1.26 * Dust+0.98 * Crane

comb(623)=1.2 * Dead+1.4 * Live+1.26 * Dust+0.98 * Crane

comb(624)=1.2 * Dead+0.98 * Live+1.4 * Dust+0.98 * Crane

comb(625)=1.2 * Dead+0.98 * Live+1.26 * Dust+1.4 * Crane

comb(626)=1.2 * Dead+0.84 * Temp+1.4 * Crane

comb(627)=1.2 * Dead+1.4 * Live+1.26 * Dust+0.84 * Temp+0.98 * Crane

comb(628)=1.2 * Dead+0.98 * Live+1.4 * Dust+0.84 * Temp+0.98 * Crane

comb(629)=1.2 * Dead+0.98 * Live+1.26 * Dust+0.84 * Temp+1.4 * Crane

comb(630)=1.35 * Dead+1.26 * Dust+0.84 * Temp+0.84 * Wind+0.98 * Crane

comb(631)=1.2 * Dead+1.26 * Dust+0.84 * Temp+0.84 * Wind+0.98 * Crane

comb(632)=1.2 * Dead+1.4 * Dust+0.84 * Temp+0.84 * Wind+0.98 * Crane

comb(633)=1.2 * Dead+1.26 * Dust+0.84 * Temp+1.4 * Wind+0.98 * Crane

comb(634)=1.2 * Dead+1.26 * Dust+0.84 * Temp+0.84 * Wind+1.4 * Crane

comb(635)=1.35 * Dead+1.26 * Dust+0.84 * Wind+0.98 * Crane

comb(636)＝1.2 * Dead＋1.26 * Dust＋0.84 * Wind＋0.98 * Crane

comb(637)＝1.2 * Dead＋1.4 * Dust＋0.84 * Wind＋0.98 * Crane

comb(638)＝1.2 * Dead＋1.26 * Dust＋1.4 * Wind＋0.98 * Crane

comb(639)＝1.2 * Dead＋1.26 * Dust＋0.84 * Wind＋1.4 * Crane

comb(640)＝1.2 * Dead＋0.84 * Temp＋1.4 * Wind＋0.98 * Crane

comb(641)＝1.2 * Dead＋0.84 * Temp＋0.84 * Wind＋1.4 * Crane

comb(642)＝1. * Dead＋0.84 * Temp＋1.4 * Wind＋0.98 * Crane

comb(643)＝1. * Dead＋0.84 * Temp＋0.84 * Wind＋1.4 * Crane

comb(644)＝1.35 * Dead＋1.4 * Wind＋0.98 * Crane

comb(645)＝1. * Dead＋1.4 * Wind＋0.98 * Crane

comb(646)＝1. * Dead＋0.84 * Wind＋1.4 * Crane

comb(647)＝1.2 * Dead＋0.6 * Dust＋1.3 * Seismicx/x＋1.3 * Seismicy/y＋0.5 * Seismicz/z

comb(648)＝1.2 * Dead＋0.6 * Dust＋1.3 * Seismicx/x＋1.3 * Seismicy/y

comb(649)＝1.2 * Dead＋0.6 * Dust＋1.3 * Seismicz/z

comb(650)＝1. * Dead＋0.5 * Dust＋1.3 * Seismicx/x＋1.3 * Seismicy/y＋0.5 * Seismicz/z

comb(651)＝1. * Dead＋0.5 * Dust＋1.3 * Seismicx/x＋1.3 * Seismicy/y

comb(652)＝1. * Dead＋0.5 * Dust＋1.3 * Seismicz/z

comb(653)＝＋1300. * 100

comb(654)＝1. * Dead＋1. * Live＋1. * Dust＋1. * Wind

comb(655)＝1. * Dead＋1. * Live＋1. * Dust

comb(656)＝1. * Dead＋0.833 * Live＋0.833 * Dust＋0.714286 * Seismicx/x

comb(657)＝1. * Dead＋0.833 * Live＋0.833 * Dust＋0.714286 * Seismicy/y

comb(658)＝0.9 * Dead＋0.714286 * Seismicx/x

comb(659)＝0.9 * Dead＋0.714286 * Seismicy/y

comb(660)＝1. * Dead＋1. * Live＋1. * Dust＋1. * Temp

comb(661)＝＋1400. *《埃及规范-ASD》

comb(662)＝1.4 * Dead＋1.6 * Live＋1.6 * Dust

comb(663)＝1.4 * Dead＋1.4 * Temp

comb(664)＝0.9 * Dead＋1. * Seismicx/x

comb(665)＝0.9 * Dead＋1. * Seismicy/y

comb(666)＝0.9 * Dead＋1.3 * Wind

comb(667)＝1.12 * Dead＋1. * Live＋1. * Dust＋1. * Seismicx/x

comb(668)＝1.12 * Dead＋1. * Live＋1. * Dust＋1. * Seismicy/y

comb(669)＝1.12 * Dead＋1.28 * Live＋1.28 * Dust＋1.28 * Wind

comb(670)＝1.12 * Dead＋1.28 * Live＋1.28 * Dust＋1.12 * Temp

comb(671)＝＋1500. *《埃及规范-LRDF》

comb(672)=1. * Dead

comb(673)=+1. * Live+1. * Dust

comb(674)=1. * Dead+1. * Live+1. * Dust

comb(675)=1. * Dead+0. 833 * Live+0. 833 * Dust+0. 714286 * Seismicx/x

comb(676)=1. * Dead+0. 833 * Live+0. 833 * Dust+0. 714286 * Seismicy/y

comb(677)=0. 9 * Dead+0. 714286 * Seismicx/x

comb(678)=0. 9 * Dead+-0. 714286 * Seismicx/x

comb(679)=0. 9 * Dead+0. 714286 * Seismicy/y

comb(680)=0. 9 * Dead+-0. 714286 * Seismicy/y

comb(681)=1. * Dead+0. 833 * Live+0. 833 * Dust+0. 7143 * Seismicx/x+0. 7143 * Seismicy/y+0. 7143 * Seismicz/z

comb(682)=0. 9 * Dead+0. 7143 * Seismicx/x+0. 7143 * Seismicy/y+0. 7143 * Seismicz/z

comb(683)=1. 4 * Dead+1. 6 * Live+1. 6 * Dust

comb(684)=1. 4 * Dead+1. 4 * Temp

comb(685)=1. 12 * Dead+1. 28 * Live+1. 28 * Dust+1. 12 * Temp

comb(686)=1. 12 * Dead+1. * Live+1. * Dust+1. * Seismicx/x

comb(687)=1. 12 * Dead+1. * Live+1. * Dust+1. * Seismicy/y

comb(688)=0. 9 * Dead+1. * Seismicx/x

comb(689)=0. 9 * Dead+1. * Seismicy/y

comb(690)=1. 12 * Dead+1. * Live+1. * Dust+1. * Seismicx/x+1. * Seismicy/y+1. * Seismicz/z

comb(691)=0. 9 * Dead+1. * Seismicx/x+1. * Seismicy/y+1. * Seismicz/z

comb(692)=1. * Dead+1. * Live+1. * Dust+1. * Wind

comb(693)=1. * Dead+1. * Live+1. * Dust+1. * Temp

comb(694)=0. 9 * Dead+1. 3 * Wind

comb(695)=1. 12 * Dead+1. 28 * Live+1. 28 * Dust+1. 28 * Wind

comb(696)=0. 9 * Dead+1. * Wind

comb(697)=1. * Dead+1. * Live+1. * Dust+1. * Temp

comb(698)=+1600. * 100

comb(699)=1. 35 * Dead

comb(700)=1. 35 * Dead+1. 4 * Live

comb(701)=1. 35 * Dead+1. 4 * Dust

comb(702)=1. 35 * Dead+0. 98 * Live+1. 26 * Dust

comb(703)=1. 2 * Dead+1. 4 * Live+1. 26 * Dust

comb(704)=1. 2 * Dead+0. 98 * Live+1. 4 * Dust

comb(705)=1. 35 * Dead+0. 84 * Temp

comb(706)=1. 2 * Dead+1. 4 * Live+1. 26 * Dust+0. 84 * Temp

comb(707)＝1.2 * Dead＋0.98 * Live＋1.4 * Dust＋0.84 * Temp

comb(708)＝1.35 * Dead＋0.98 * Live＋1.26 * Dust＋0.84 * Temp＋0.84 * Wind

comb(709)＝1.2 * Dead＋1.4 * Live＋1.26 * Dust＋0.84 * Temp＋0.84 * Wind

comb(710)＝1.2 * Dead＋0.98 * Live＋1.4 * Dust＋0.84 * Temp＋0.84 * Wind

comb(711)＝1.2 * Dead＋0.98 * Live＋1.26 * Dust＋0.84 * Temp＋1.4 * Wind

comb(712)＝1.35 * Dead＋0.98 * Live＋1.26 * Dust＋0.84 * Wind

comb(713)＝1.2 * Dead＋1.4 * Live＋1.26 * Dust＋0.84 * Wind

comb(714)＝1.2 * Dead＋0.98 * Live＋1.4 * Dust＋0.84 * Wind

comb(715)＝1.2 * Dead＋0.98 * Live＋1.26 * Dust＋1.4 * Wind

comb(716)＝1.2 * Dead＋0.84 * Temp＋1.4 * Wind

comb(717)＝1. * Dead＋0.84 * Temp＋1.4 * Wind

comb(718)＝1.35 * Dead＋1.4 * Wind

comb(719)＝1. * Dead＋1.4 * Wind

comb(720)＝1.35 * Dead＋1.4 * Crane

comb(721)＝1.2 * Dead＋1.4 * Live＋0.98 * Crane

comb(722)＝1.2 * Dead＋0.98 * Live＋1.4 * Crane

comb(723)＝1.2 * Dead＋1.4 * Dust＋0.98 * Crane

comb(724)＝1.2 * Dead＋0.98 * Dust＋1.4 * Crane

comb(725)＝1.35 * Dead＋0.98 * Live＋1.26 * Dust＋0.98 * Crane

comb(726)＝1.2 * Dead＋1.4 * Live＋1.26 * Dust＋0.98 * Crane

comb(727)＝1.2 * Dead＋0.98 * Live＋1.4 * Dust＋0.98 * Crane

comb(728)＝1.2 * Dead＋0.98 * Live＋1.26 * Dust＋1.4 * Crane

comb(729)＝1.2 * Dead＋0.84 * Temp＋1.4 * Crane

comb(730)＝1.2 * Dead＋1.4 * Live＋1.26 * Dust＋0.84 * Temp＋0.98 * Crane

comb(731)＝1.2 * Dead＋0.98 * Live＋1.4 * Dust＋0.84 * Temp＋0.98 * Crane

comb(732)＝1.2 * Dead＋0.98 * Live＋1.26 * Dust＋0.84 * Temp＋1.4 * Crane

comb(733)＝1.35 * Dead＋0.98 * Live＋1.26 * Dust＋0.84 * Temp＋0.84 * Wind＋0.98 * Crane

comb(734)＝1.2 * Dead＋1.4 * Live＋1.26 * Dust＋0.84 * Temp＋0.84 * Wind＋0.98 * Crane

comb(735)＝1.2 * Dead＋0.98 * Live＋1.4 * Dust＋0.84 * Temp＋0.84 * Wind＋0.98 * Crane

comb(736)＝1.2 * Dead＋0.98 * Live＋1.26 * Dust＋0.84 * Temp＋1.4 * Wind＋0.98 * Crane

comb(737)＝1.2 * Dead＋0.98 * Live＋1.26 * Dust＋0.84 * Temp＋0.84 * Wind＋1.4 * Crane

comb(738)＝1.35 * Dead＋0.98 * Live＋1.26 * Dust＋0.84 * Wind＋0.98

* Crane

$comb(739) = 1.2 * Dead + 1.4 * Live + 1.26 * Dust + 0.84 * Wind + 0.98 * Crane$

$comb(740) = 1.2 * Dead + 0.98 * Live + 1.4 * Dust + 0.84 * Wind + 0.98 * Crane$

$comb(741) = 1.2 * Dead + 0.98 * Live + 1.26 * Dust + 1.4 * Wind + 0.98 * Crane$

$comb(742) = 1.2 * Dead + 0.98 * Live + 1.26 * Dust + 0.84 * Wind + 1.4 * Crane$

$comb(743) = 1.2 * Dead + 0.84 * Temp + 1.4 * Wind + 0.98 * Crane$

$comb(744) = 1.2 * Dead + 0.84 * Temp + 0.84 * Wind + 1.4 * Crane$

$comb(745) = 1. * Dead + 0.84 * Temp + 1.4 * Wind + 0.98 * Crane$

$comb(746) = 1. * Dead + 0.84 * Temp + 0.84 * Wind + 1.4 * Crane$

$comb(747) = 1.35 * Dead + 1.4 * Wind + 0.98 * Crane$

$comb(748) = 1. * Dead + 1.4 * Wind + 0.98 * Crane$

$comb(749) = 1. * Dead + 0.84 * Wind + 1.4 * Crane$

$comb(750) = 1.2 * Dead + 0.6 * Dust + 1.3 * Seismicx/x + 1.3 * Seismicy/y + 0.5 * Seismicz/z$

$comb(751) = 1.2 * Dead + 0.6 * Dust + 1.3 * Seismicx/x + 1.3 * Seismicy/y$

$comb(752) = 1.2 * Dead + 0.6 * Dust + 1.3 * Seismicz/z$

$comb(753) = 1. * Dead + 0.5 * Dust + 1.3 * Seismicx/x + 1.3 * Seismicy/y + 0.5 * Seismicz/z$

$comb(754) = 1. * Dead + 0.5 * Dust + 1.3 * Seismicx/x + 1.3 * Seismicy/y$

$comb(755) = 1. * Dead + 0.5 * Dust + 1.3 * Seismicz/z$

$comb(756) = 1.35 * Dead$

$comb(757) = 1.35 * Dead + 1.5 * Live$

$comb(758) = 1.35 * Dead + 1.5 * Dust$

$comb(759) = 1.35 * Dead + 1.05 * Live + 1.26 * Dust$

$comb(760) = 1.35 * Dead + 1.5 * Live + 1.26 * Dust$

$comb(761) = 1.35 * Dead + 1.05 * Live + 1.5 * Dust$

$comb(762) = 1.35 * Dead + 0.84 * Temp$

$comb(763) = 1.35 * Dead + 1.5 * Live + 1.26 * Dust + 1. * Temp$

$comb(764) = 1.35 * Dead + 1.05 * Live + 1.5 * Dust + 1. * Temp$

$comb(765) = 1.35 * Dead + 1.05 * Live + 1.26 * Dust + 1. * Temp + 0.9 * Wind$

$comb(766) = 1.35 * Dead + 1.5 * Live + 1.26 * Dust + 1. * Temp + 0.9 * Wind$

$comb(767) = 1.35 * Dead + 1.05 * Live + 1.5 * Dust + 1. * Temp + 0.9 * Wind$

$comb(768) = 1.35 * Dead + 1.05 * Live + 1.26 * Dust + 1. * Temp + 1.5 * Wind$

$comb(769) = 1.35 * Dead + 1.05 * Live + 1.26 * Dust + 0.9 * Wind$

$comb(770) = 1.35 * Dead + 1.5 * Live + 1.26 * Dust + 0.9 * Wind$

$comb(771) = 1.35 * Dead + 1.05 * Live + 1.5 * Dust + 0.9 * Wind$

$comb(772) = 1.35 * Dead + 1.05 * Live + 1.26 * Dust + 1.5 * Wind$

$comb(773) = 1.35 * Dead + 1. * Temp + 1.5 * Wind$

comb(774)=1. * Dead+1. * Temp+1.5 * Wind

comb(775)=1.35 * Dead+1.5 * Wind

comb(776)=1. * Dead+1.5 * Wind

comb(777)=1.35 * Dead+1.5 * Crane

comb(778)=1.35 * Dead+1.5 * Live+1.05 * Crane

comb(779)=1.35 * Dead+1.05 * Live+1.5 * Crane

comb(780)=1.35 * Dead+1.5 * Dust+1.05 * Crane

comb(781)=1.35 * Dead+1.05 * Dust+1.5 * Crane

comb(782)=1.35 * Dead+1.05 * Live+1.26 * Dust+1.05 * Crane

comb(783)=1.35 * Dead+1.5 * Live+1.26 * Dust+1.05 * Crane

comb(784)=1.35 * Dead+1.05 * Live+1.5 * Dust+1.05 * Crane

comb(785)=1.35 * Dead+1.05 * Live+1.26 * Dust+1.5 * Crane

comb(786)=1.35 * Dead+1. * Temp+1.5 * Crane

comb(787)=1.35 * Dead+1.5 * Live+1.26 * Dust+1. * Temp+1.05 * Crane

comb(788)=1.35 * Dead+1.05 * Live+1.5 * Dust+1. * Temp+1.05 * Crane

comb(789)=1.35 * Dead+1.05 * Live+1.26 * Dust+1. * Temp+1.5 * Crane

comb(790)=1.35 * Dead+1.05 * Live+1.26 * Dust+1. * Temp+0.9 * Wind+1.05 * Crane

comb(791)=1.35 * Dead+1.5 * Live+1.26 * Dust+1. * Temp+0.9 * Wind+1.05 * Crane

comb(792)=1.35 * Dead+1.05 * Live+1.5 * Dust+1. * Temp+0.9 * Wind+1.05 * Crane

comb(793)=1.35 * Dead+1.05 * Live+1.26 * Dust+1. * Temp+1.5 * Wind+1.05 * Crane

comb(794)=1.35 * Dead+1.05 * Live+1.26 * Dust+1. * Temp+1.05 * Wind+1.5 * Crane

comb(795)=1.35 * Dead+1.05 * Live+1.26 * Dust+0.9 * Wind+1.05 * Crane

comb(796)=1.35 * Dead+1.5 * Live+1.26 * Dust+0.9 * Wind+1.05 * Crane

comb(797)=1.35 * Dead+1.05 * Live+1.5 * Dust+0.9 * Wind+1.05 * Crane

comb(798)=1.35 * Dead+1.05 * Live+1.26 * Dust+1.5 * Wind+1.05 * Crane

comb(799)=1.35 * Dead+1.05 * Live+1.26 * Dust+1.05 * Wind+1.5 * Crane

comb(800)=1.35 * Dead+1. * Temp+1.5 * Wind+1.05 * Crane

comb(801)=1.35 * Dead+1. * Temp+1.05 * Wind+1.5 * Crane

comb(802)=1. * Dead+1. * Temp+1.5 * Wind+1.05 * Crane

comb(803)=1. * Dead+1. * Temp+1.05 * Wind+1.5 * Crane

comb(804)=1.35 * Dead+1.5 * Wind+1.05 * Crane

comb(805)=1. * Dead+1.5 * Wind+1.05 * Crane

comb(806)=1. * Dead+1.05 * Wind+1.5 * Crane

comb(807)＝1.2 * Dead＋0.6 * Dust＋1.3 * Seismicx/x＋1.3 * Seismicy/y＋0.5 * Seismicz/z

comb(808)＝1.2 * Dead＋0.6 * Dust＋1.3 * Seismicx/x＋1.3 * Seismicy/y

comb(809)＝1.2 * Dead＋0.6 * Dust＋1.3 * Seismicz/z

comb(810)＝1. * Dead＋0.5 * Dust＋1.3 * Seismicx/x＋1.3 * Seismicy/y＋0.5 * Seismicz/z

comb(811)＝1. * Dead＋0.5 * Dust＋1.3 * Seismicx/x＋1.3 * Seismicy/y

comb(812)＝1. * Dead＋0.5 * Dust＋1.3 * Seismicz/z

comb(813)＝1.35 * Dead＋1.5 * Live＋1.2 * Dust＋0.9 * Wind＋1.5 * Crane＋0.75 * Snow

comb(814)＝1.35 * Dead＋1.5 * Live＋1.2 * Dust＋0.9 * Wind＋1.5 * Crane＋1.5 * Snow

comb(815)＝1.35 * Dead＋1.5 * Live＋1.2 * Dust＋1.5 * Wind＋1.5 * Crane＋0.75 * Snow

comb(816)＝1. * Dead＋0.8 * Live＋0.5 * Dust＋1. * Crane

comb(817)＝1. * Dead＋0.8 * Live＋0.5 * Dust＋0.8 * Crane＋1.3 * Seismicx/x＋1.3 * Seismicy/y＋1.3 * Seismicz/z

comb(818)＝＋1700. * 100

comb(819)＝1.35 * Dead

comb(820)＝1.35 * Dead＋1.5 * Live＋1.31 * Dust＋0.8 * Temp

comb(821)＝1.35 * Dead＋1.31 * Live＋1.5 * Dust＋0.8 * Temp

comb(822)＝1.35 * Dead＋1.31 * Dust＋0.8 * Temp＋1.5 * Snow

comb(823)＝1.35 * Dead＋1.5 * Dust＋0.8 * Temp＋1.31 * Snow

comb(824)＝1.35 * Dead＋1.5 * Live＋1.31 * Dust＋0.8 * Temp＋1.005 * Wind

comb(825)＝1.35 * Dead＋1.31 * Live＋1.5 * Dust＋0.8 * Temp＋1.005 * Wind

comb(826)＝1.35 * Dead＋1.31 * Dust＋0.8 * Temp＋1.005 * Wind＋1.5 * Snow

comb(827)＝1.35 * Dead＋1.5 * Dust＋0.8 * Temp＋1.005 * Wind＋1.31 * Snow

comb(828)＝1.35 * Dead＋0.8 * Temp＋1.5 * Wind

comb(829)＝1.35 * Dead＋1.31 * Live＋1.31 * Dust＋0.8 * Temp＋1.5 * Wind

comb(830)＝1.35 * Dead＋1.31 * Dust＋0.8 * Temp＋1.5 * Wind＋1.31 * Snow

comb(831)＝1.35 * Dead＋1.31 * Live＋1.31 * Dust＋1.5 * Temp＋1.005 * Wind

comb(832)＝1.35 * Dead＋1.31 * Dust＋1.5 * Temp＋1.005 * Wind＋1.31 * Snow

comb(833)＝1. * Dead＋1.5 * Live＋1.31 * Dust＋0.8 * Temp

comb(834)＝1. * Dead＋1.31 * Live＋1.5 * Dust＋0.8 * Temp

comb(835)=1. * Dead+1. 31 * Dust+0. 8 * Temp+1. 5 * Snow

comb(836)=1. * Dead+1. 5 * Dust+0. 8 * Temp+1. 31 * Snow

comb(837)=1. * Dead+1. 5 * Live+1. 31 * Dust+0. 8 * Temp+1. 005 * Wind

comb(838)=1. * Dead+1. 31 * Live+1. 5 * Dust+0. 8 * Temp+1. 005 * Wind

comb(839)=1. * Dead+1. 31 * Dust+0. 8 * Temp+1. 005 * Wind+1. 5 * Snow

comb(840)=1. * Dead+1. 5 * Dust+0. 8 * Temp+1. 005 * Wind+1. 31 * Snow

comb(841)=1. * Dead+0. 8 * Temp+1. 5 * Wind

comb(842)=1. * Dead+1. 31 * Live+1. 31 * Dust+0. 8 * Temp+1. 5 * Wind

comb(843)=1. * Dead+1. 31 * Dust+0. 8 * Temp+1. 5 * Wind+1. 31 * Snow

comb(844)=1. * Dead+1. 31 * Live+1. 31 * Dust+1. 5 * Temp+1. 005 * Wind

comb(845)=1. * Dead+1. 31 * Dust+1. 5 * Temp+1. 005 * Wind+1. 31 * Snow

comb(846)=1. * Dead+1. * Live+1. * Dust+1. 5 * Seismicx/x

comb(847)=1. * Dead+1. * Live+1. * Dust+1. 5 * Seismicy/y

comb(848)=1. * Dead+1. * Dust+1. 5 * Seismicx/x+1. * Snow

comb(849)=1. * Dead+1. * Dust+1. 5 * Seismicy/y+1. * Snow

comb(850)=0. 8 * Dead+1. 25 * Seismicx/x

comb(851)=0. 8 * Dead+1. 25 * Seismicy/y

comb(852)=0. 8 * Dead+1. 5 * Seismicx/x

comb(853)=0. 8 * Dead+1. 5 * Seismicy/y

comb(854)=+1800. * 100

comb(855)=1. 35 * Dead

comb(856)=1. 2 * Dead+1. 6 * Live

comb(857)=1. 2 * Dead+1. 6 * Dust

comb(858)=1. 2 * Dead+1. 3 * Wind

comb(859)=0. 9 * Dead+1. 3 * Wind

comb(860)=1. 35 * Dead+0. 48 * Temp

comb(861)=1. 2 * Dead+1. 6 * Temp

comb(862)=0. 9 * Dead+0. 48 * Temp+1. 3 * Wind

comb(863)=1. 2 * Dead+0. 48 * Temp+1. 3 * Wind

comb(864)=1. 2 * Dead+1. 6 * Live+0. 48 * Temp

comb(865)=1. 2 * Dead+1. 6 * Dust+0. 48 * Temp

comb(866)=1. 1 * Dead+1. * Live

comb(867)=1. 1 * Dead+1. * Dust

comb(868)=1. 1 * Dead+0. 6 * Wind

comb(869)=1. 1 * Dead+0. 3 * Live

comb(870)=1. 1 * Dead+0. 3 * Dust

comb(871)=1. 2 * Dead+1. 6 * Seismicx/x+1. 6 * Seismicy/y+1. 6 * Seismicz/z

comb(872)=1. 2 * Dead+1. 6 * Seismicx/x+1. 6 * Seismicy/y+1. 6 * Seismicz/z comb(873)＝1. 2 * Dead＋1. 6 * Seismicx/x＋1. 6 * Seismicy/y＋1. 6 * Seismicz/z

comb(874)＝1. 2 * Dead＋1. 6 * Seismicx/x＋1. 6 * Seismicy/y＋1. 6 * Seismicz/z

comb(875)＝1. 2 * Dead＋1. 6 * Seismicx/x＋1. 6 * Seismicy/y＋1. 6 * Seismicz/z

comb(876)＝1. 2 * Dead＋1. 6 * Seismicx/x＋1. 6 * Seismicy/y＋1. 6 * Seismicz/z

comb(877)＝1. 2 * Dead＋1. 6 * Seismicx/x＋1. 6 * Seismicy/y＋1. 6 * Seismicz/z

comb(878)＝1. 2 * Dead＋1. 6 * Seismicx/x＋1. 6 * Seismicy/y＋1. 6 * Seismicz/z

comb(879)＝＋1900. * 100

comb(880)＝1. 4 * Dead

comb(881)＝1. 2 * Dead＋0. 5 * Live＋1. 2 * Temp

comb(882)＝1. 2 * Dead＋0. 5 * Dust＋1. 2 * Temp

comb(883)＝1. 2 * Dead＋1. 2 * Temp＋0. 5 * Snow

comb(884)＝1. 2 * Dead＋0. 5 * Live＋0. 5 * Dust＋1. 2 * Temp

comb(885)＝1. 2 * Dead＋0. 5 * Dust＋1. 2 * Temp＋0. 5 * Snow

comb(886)＝1. 2 * Dead＋1. 6 * Live＋0. 5 * Wind

comb(887)＝1. 2 * Dead＋1. 6 * Dust＋0. 5 * Wind

comb(888)＝1. 2 * Dead＋0. 5 * Wind＋1. 6 * Snow

comb(889)＝1. 2 * Dead＋1. 6 * Live＋1. 6 * Dust＋0. 5 * Wind

comb(890)＝1. 2 * Dead＋1. 6 * Dust＋0. 5 * Wind＋1. 6 * Snow

comb(891)＝1. 2 * Dead＋0. 5 * Live＋1. * Wind

comb(892)＝1. 2 * Dead＋0. 5 * Dust＋1. * Wind

comb(893)＝1. 2 * Dead＋1. * Wind＋0. 5 * Snow

comb(894)＝1. 2 * Dead＋0. 5 * Live＋0. 5 * Dust＋1. * Wind

comb(895)＝1. 2 * Dead＋0. 5 * Dust＋1. * Wind＋0. 5 * Snow

comb(896)＝1. 2 * Dead＋0. 2 * Dust＋1. * Seismicx/x＋1. * Seismicy/y＋1. * Seismicz/z

comb(897)＝1. 2 * Dead＋1. * Seismicx/x＋1. * Seismicy/y＋1. * Seismicz/z＋0. 2 * Snow

comb(898)＝1. 2 * Dead＋0. 2 * Dust＋1. * Seismicx/x＋1. * Seismicy/y＋1. * Seismicz/z＋0. 2 * Snow

comb(899)＝0. 9 * Dead＋1. * Wind

comb(900)＝0. 9 * Dead＋1. * Seismicx/x＋1. * Seismicy/y＋1. * Seismicz/z

comb(901)＝1. 4 * Dead＋0. 2 * Dust＋1. 3 * Seismicx/x＋1. 3 * Seismicy/y

comb(902)＝1. 4 * Dead＋1. 3 * Seismicx/x＋1. 3 * Seismicy/y＋0. 2 * Snow

comb(903)＝1. 4 * Dead＋0. 2 * Dust＋1. 3 * Seismicx/x＋1. 3 * Seismicy/y＋0. 2 * Snow

comb(904)＝0. 75 * Dead＋1. * Seismicx/x＋1. * Seismicy/y

comb(905)＝1. 4 * Dead＋1. 4 * Crane

comb(906)＝1. 2 * Dead＋0. 5 * Live＋1. 2 * Temp＋1. 4 * Crane

comb(907)＝1.2 * Dead＋0.5 * Dust＋1.2 * Temp＋1.4 * Crane

comb(908)＝1.2 * Dead＋1.2 * Temp＋1.4 * Crane＋0.5 * Snow

comb(909)＝1.2 * Dead＋0.5 * Live＋0.5 * Dust＋1.2 * Temp＋1.4 * Crane

comb(910)＝1.2 * Dead＋0.5 * Dust＋1.2 * Temp＋1.4 * Crane＋0.5 * Snow

comb(911)＝1.2 * Dead＋1.6 * Live＋0.5 * Wind＋1.4 * Crane

comb(912)＝1.2 * Dead＋1.6 * Dust＋0.5 * Wind＋1.4 * Crane

comb(913)＝1.2 * Dead＋0.5 * Wind＋1.4 * Crane＋1.6 * Snow

comb(914)＝1.2 * Dead＋1.6 * Live＋1.6 * Dust＋0.5 * Wind＋1.4 * Crane

comb(915)＝1.2 * Dead＋1.6 * Dust＋0.5 * Wind＋1.4 * Crane＋1.6 * Snow

comb(916)＝1.2 * Dead＋0.5 * Live＋1. * Wind＋1.4 * Crane

comb(917)＝1.2 * Dead＋0.5 * Dust＋1. * Wind＋1.4 * Crane

comb(918)＝1.2 * Dead＋1. * Wind＋1.4 * Crane＋0.5 * Snow

comb(919)＝1.2 * Dead＋0.5 * Live＋0.5 * Dust＋1. * Wind＋1.4 * Crane

comb(920)＝1.2 * Dead＋0.5 * Dust＋1. * Wind＋1.4 * Crane＋0.5 * Snow

comb(921)＝0.9 * Dead＋1. * Wind＋1.4 * Crane

comb(922)＝＋2000. * 100

（中标：GB＝100－欧标：EN＝200－俄标：SNIP＝300－美标：UBC＝400－美标：ASCE7－5＝500－天津院＝600－阿尔及利亚＋天津院＝800＋900－埃及＝1000－南非：SAN＝1100–美标：ASCE7－10＝2000）

附录 3　配件数据

1. 杆件、节点控制数据

格式：种类（6-钢管，7-螺栓球，8-焊接球，其他略）高（直径）宽度 翼缘（壁厚）面积 自重 主形心矩 次形心矩 主惯性矩 次（小）抵抗矩 主（大）抵抗矩 主回转半径 腹板厚 次抵抗矩 次回转半径

&njn[j], &njl[j], &njb[j], &njt[j], &njA[j], &njg[j], &njx[j], &njy[j], &njIx[j],
&njwa[j], &njwi[j], &njix[j], &nja[j], &njwy[j], &njiy[j]);

构件数据

6 60.00 0.00 3.50 6.21 4.88 3.00 3.00 24.88 8.29 24.88 2.00 0.00 8.29 2.00

6 75.50 0.00 3.75 8.45 6.64 3.78 3.78 54.54 14.45 54.54 2.54 0.00 14.45 2.54

6 88.50 0.00 4.00 10.62 8.34 4.43 4.43 94.99 21.47 94.99 2.99 0.00 21.47 2.99

6 114.00 0.00 4.00 13.82 10.85 5.70 5.70 209.35 36.73 209.35 3.89 0.00 36.73 3.89

6 140.00 0.00 4.00 17.09 13.42 7.00 7.00 395.47 56.50 395.47 4.81 0.00 56.50 4.81

6 159.00 0.00 5.00 24.19 18.99 7.95 7.95 717.88 90.30 717.88 5.45 0.00 90.30 5.45

6 159.00 0.00 6.00 28.84 22.64 7.95 7.95 845.19 106.31 845.19 5.41 0.00 106.31 5.41

6 159.00 0.00 8.00 37.95 29.79 7.95 7.95 1084.67 136.44 1084.67 5.35 0.00 136.44 5.35

6 168.00 0.00 6.00 30.54 23.97 8.40 8.40 1003.12 119.42 1003.12 5.73 0.00 119.42 5.73

6 180.00 0.00 8.00 43.23 33.93 9.00 9.00 1602.04 178.00 1602.04 6.09 0.00 178.00 6.09

6 180.00 0.00 10.00 53.41 41.92 9.00 9.00 1936.00 215.11 1936.00 6.02 0.00 215.11 6.02

6 219.00 0.00 8.00 53.03 41.63 10.95 10.95 2955.43 269.90 2955.43 7.47 0.00 269.90 7.47

6 219.00 0.00 10.00 65.66 51.54 10.95 10.95 3593.28 328.15 3593.28 7.40 0.00 328.15 7.40

6 219.00 0.00 12.00 78.04 61.26 10.95 10.95 4193.81 383.00 4193.81 7.33 0.00 383.00 7.33

157

6 219.00 0.00 14.00 90.16 70.78 10.95 10.95 4758.50 434.57 4758.50 7.26 0.00 434.57 7.26

6 219.00 0.00 16.00 102.04 80.10 10.95 10.95 5288.80 483.00 5288.80 7.20 0.00 483.00 7.20

6 219.00 0.00 18.00 113.66 89.23 10.95 10.95 5786.14 528.41 5786.14 7.13 0.00 528.41 7.13

6 219.00 2.00 20.00 125.04 98.15 10.95 10.95 6251.92 570.95 6251.92 7.07 0.00 570.95 7.07

6 219.00 2.00 22.00 136.16 106.88 10.95 10.95 6687.50 610.73 6687.50 7.01 0.00 610.73 7.01

6 245.00 2.00 20.00 141.37 110.98 12.25 12.25 9016.85 736.07 9016.85 7.99 0.00 736.07 7.99

6 245.00 2.00 22.00 154.13 120.99 12.25 12.25 9673.94 789.71 9673.94 7.92 0.00 789.71 7.92

6 325.00 2.00 20.00 191.64 150.43 16.25 16.25 22379.60 1377.21 22379.60 10.81 0.00 1377.21 10.81

6 325.00 2.00 22.00 209.42 164.39 16.25 16.25 24159.80 1486.76 24159.80 10.74 0.00 1486.76 10.74

7 100.00 0.00 0.00 0.00 4.11 0.00 0.00 0.00 0.00 0.00 0.00 0.00 0.00 0.00

7 120.00 0.00 0.00 0.00 7.10 0.00 0.00 0.00 0.00 0.00 0.00 0.00 0.00 0.00

7 140.00 0.00 0.00 0.00 11.28 0.00 0.00 0.00 0.00 0.00 0.00 0.00 0.00 0.00

7 150.00 0.00 0.00 0.00 13.87 0.00 0.00 0.00 0.00 0.00 0.00 0.00 0.00 0.00

7 160.00 0.00 0.00 0.00 16.84 0.00 0.00 0.00 0.00 0.00 0.00 0.00 0.00 0.00

7 180.00 0.00 0.00 0.00 23.97 0.00 0.00 0.00 0.00 0.00 0.00 0.00 0.00 0.00

7 200.00 0.00 0.00 0.00 32.88 0.00 0.00 0.00 0.00 0.00 0.00 0.00 0.00 0.00

7 220.00 0.00 0.00 0.00 43.77 0.00 0.00 0.00 0.00 0.00 0.00 0.00 0.00 0.00

7 240.00 0.00 0.00 0.00 56.82 9.00 9.00 0.00 0.00 0.00 0.00 0.00 0.00 0.00

7 250.00 0.00 0.00 0.00 64.22 0.00 0.00 0.00 0.00 0.00 0.00 0.00 0.00 0.00

7 260.00 0.00 0.00 0.00 72.24 0.00 0.00 0.00 0.00 0.00 0.00 0.00 0.00 0.00

7 280.00 0.00 0.00 0.00 90.23 0.00 0.00 0.00 0.00 0.00 0.00 0.00 0.00 0.00

7 300.00 0.00 0.00 0.00 110.98 0.00 0.00 0.00 0.00 0.00 0.00 0.00 0.00 0.00

7 320.00 0.00 0.00 0.00 134.68 6.00 6.00 0.00 0.00 0.00 0.00 0.00 0.00 0.00

7 340.00 0.00 0.00 0.00 161.55 0.00 0.00 0.00 0.00 0.00 0.00 0.00 0.00 0.00

7 360.00 0.00 0.00 0.00 191.77 0.00 0.00 0.00 0.00 0.00 0.00 0.00 0.00 0.00

7 380.00 0.00 0.00 0.00 225.54 0.00 0.00 0.00 0.00 0.00 0.00 0.00 0.00 0.00

7 400.00 0.00 0.00 0.00 263.06 7.00 7.00 0.00 0.00 0.00 0.00 0.00 0.00 0.00

8 300.00 0.00 16.00 0.00 36.43 0.00 0.00 0.00 0.00 0.00 0.00 12.00 0.00 0.00

8 400.00 0.00 18.00 0.00 73.31 0.00 0.00 0.00 0.00 0.00 0.00 12.00 0.00 0.00

8 500.00 0.00 20.00 0.00 50.00 0.00 0.00 0.00 0.00 0.00 0.00 16.00 0.00 0.00

8 600.00 0.00 20.00 0.00 192.98 0.00 0.00 0.00 0.00 0.00 0.00 16.00 0.00 0.00

8 800.00 0.00 20.00 0.00 350.11 0.00 0.00 0.00 0.00 0.00 0.00 16.00 0.00 0.00

66 245.00 0.00 16.00 115.11 90.36 12.25 12.25 7582.30 618.96 7582.30 8.12 0.00 618.96 8.12

66 325.00 0.00 20.00 191.64 150.43 16.25 16.25 22379.60 1377.21 22379.60 10.81 0.00 1377.21 10.81

77 380.00 0.00 0.00 0.00 225.54 0.00 0.00 0.00 0.00 0.00 0.00 0.00 0.00 0.00

77 400.00 0.00 0.00 0.00 263.06 0.00 0.00 0.00 0.00 0.00 0.00 0.00 0.00 0.00

2. 螺栓、套筒控制数据

格式：

N1：螺栓套筒控制项＜＝40（以下为列顺序，行不足 N1 项时用 "0" 补齐）

A1：螺栓规格，共 N 项.

A2：螺栓净面积，共 N 项.

A3：螺栓头直径，共 N 项.

A4：螺栓头厚，共 N 项.

A5：螺钉规格，共 N 项.

A6：套筒规格，共 N 项.

A7：套筒对应螺栓.

A8：螺栓对应的最小球径.

A9：螺栓对应球切销厚.

A10：紧钉圆柱端直径 * 10，共 N 项.

A11：螺栓滑槽宽 * 10，共 N 项.

A12：螺栓滑槽深 * 10，共 N 项.

A13：螺栓滑槽孔深 * 10，共 N 项.

A14：紧钉开槽宽 * 10，共 N 项.

A15：紧钉开槽深 * 10，共 N 项.

A16：钢管外径，共 N 项.

A17：压杆件对应的构造螺栓.

A18：拉杆件对应的构造套筒.

A19：杆件对应的最小球径.

A20：螺栓杆长.

A21：套筒杆长.

A22：螺栓螺纹长.

A23：螺栓滑槽长.

A24：螺栓孔长 X10.

A25：套筒孔距杆端.

螺栓套筒数据

50

−12 −14 −16 −18 20 −22 24 27 30 −33 36 39 42 45 48 −52 56 60 64 68 72 76 80 85 9999 −1 −1 −1 −1 −1 −1 −1 −1 −1 −1 −1 −1 −1 −1 −1 −1 −1 −1 −1 −1 −1 −1 −1 −1 −1

84 115 157 192 245 303 353 459 561 694 817 976 1120 1310 1470 1758 2144 2485 2851 3242 3658 4100 4566 5184 99 0 0 0 0 0 0 0 0 0 0 0 0 0 0 0 0 0 0 0 0 0 0 0 0 0 0

18 21 24 29 30 32 36 41 46 50 55 60 65 70 75 80 90 95 100 100 105 110 125 125 0 0 0 0 0 0 0 0 0 0 0 0 0 0 0 0 0 0 0 0 0 0 0 0 0 0

7 8 10 12 13 14 15 17 19 21 23 25 26 28 30 33 35 38 40 45 45 50 55 55 0 0 0 0 0 0 0 0 0 0 0 0 0 0 0 0 0 0 0 0 0 0 0 0 0 0

5 5 5 6 6 6 6 6 8 8 8 8 8 8 10 10 10 10 10 10 10 10 10 10 10 10 10 10 10 10 10 10 10 10 10 10 10 10 10 10 10 10 10 10 10 10 10 0 0 10 10

21 −27 24 −34 27 −41 34 −46 36 −50 41 −55 46 −60 50 −65 55 −70 60 −75 65 −80 70 −85 75 −90 80 −95 85 −100 90 −115 95 −120 100 −135 110 −135 115 −135 120 −350 130 −135 135 −155 9999 −9999 0 0

12 12 14 14 16 16 20 20 22 22 24 24 27 27 30 30 33 33 36 36 39 39 42 42 45 45 48 48 52 52 56 56 60 60 64 64 68 68 72 72 76 76 80 80 85 85 9999 9999 0 0

50 50 60 80 100 100 100 100 100 100 100 100 100 100 100 100 100 100 100 100 100 100 120 120 9999 0 0 0 0 0 0 0 0 0 0 0 0 0 0 0 0 0 0 0 0 0 0 0 0 0

2 2 4 4 4 4 5 5 5 5 6 6 8 8 9 10 10 12 12 12 16 18 20 20 90 0 0 0 0 0 0 0 0 0 0 0 0 0 0 0 0 0 0 0 0 0 0 0 0

28 28 28 28 28 28 28 45 45 45 45 45 45 45 45 45 45 45 80 80 80 80 80 80 80 80 80 80 80 80 80 80 80 80 80 80 80 100 100 0 0 0 0 0 0 0 0 0

33 33 50 50 50 50 50 50 50 50 80 80 80 80 80 80 80 80 80 100 125 0 0 0 0 0 0 0 0 0 0 0 0 0 0 0 0 0 0 0 0 0 0 0 0 0

23 35 35 35 35 35 35 35 35 35 45 45 45 45 45 45 45 45 45 45 60 0 0 0 0 0 0 0 0 0 0 0 0 0 0 0 0 0 0 0 0 0 0 0 0 0

28 50 50 50 50 50 50 50 50 50 60 60 60 60 60 60 60 60 60 60 80 0 0 0 0 0 0 0 0 0 0 0 0 0 0 0 0 0 0 0 0 0 0 0 0 0

8 8 8 8 8 8 8 8 8 8 8 8 8 8 8 8 8 8 15 15 15 15 15 15 15 15 15 15 15 15 15 15 15 15 15 15 15 15 15 15 15 15 0 0 0 0 0 0 0 0

20 20 20 20 20 20 20 20 20 20 20 20 20 20 20 20 20 20 20 20 30 30 30 30 30 30 30 30 30 30 30 30 30 30 30 30 30 30 30 30 30 30 30 0 0 0 0 0 0 0

0 48 89 114 140 159 180 1000 0 0 50 100 120 140 150 160 180 200 220 240 250 260 280 300 320 340 360 380 400 800 0 0 0 0 0 0 0 0 0 0 0 0 0 0 0 0 0 0

0 16 20 24 27 33 36 39 0 0 0 0 0 0 0 0 0 0 0 0 0 0 0 0 0 0 0 0 0 0 0 0 0 0 0 0 0 0 0 0 0 0 0 0 0 0 0 0 0 0

0 27 34 41 46 55 60 65 0 0 0 0 0 0 0 0 0 0 0 0 0 0 0 0 0 0 0 0 0 0 0 0 0 0 0 0 0 0 0 0 0 0 0 0 0 0 0 0 0 0 0 0 0 0

0 50 100 100 100 100 100 10000 0 0 2 4 6 7 8 8 9 10 10 10 10 10 10 10 10 10 10 10 10 10 10 0 0 0 0 0 0 0 0 0 0 0 0 0 0 0 0 0 0 0

50 54 62 65 73 75 82 90 98 100 125 128 136 145 148 172 172 196 205 215 230 240 245 265 0 0 0 0 0 0 0 0 0 0 0 0 0 0 0 0 0 0 0 0 0 0 0 0 0 0

25 30 27 35 30 40 35 40 35 45 40 45 40 55 45 55 45 60 55 60 55 60 60 70 60 70 60 90 70 90 70 100 90 100 90 115 95 115 100 115 105 115 105 115 115 125 0 0 0

15 15 16 18 20 25 27 30 35 37 42 40 46 54 60 64 66 72 75 81 82 0 0 0 0 0 0 0 0 0 0 0 0 0 0 0 0 0 0 0 0 0 0 0 0 0 0 0 0 0

12 12 15 18 17 17 17 20 23 24 29 29 37 44 50 53 57 61 50 75 74 0 0 0 0 0 0 0 0 0 0 0 0 0 0 0 0 0 0 0 0 0 0 0 0 0 0 0 0 0

40 40 40 40 40 40 40 40 40 40 40 40 40 60 60 60 60 60 60 60 60 60 0 0 0 0 0 0 0 0 0 0 0 0 0 0 0 0 0 0 0 0 0 0 0 0 0 0 0 0

10 10 10 10 10 10 10 10 10 10 10 10 10 10 10 10 15 15 15 15 15 15 15 15 15 15 15 15 15 15 15 15 15 15 20 20 20 20 20 20 20 20 0 0 0 0 0 0 0 0

3. 锥头、封板控制数据
格式:

N2:锥头数+封板数<=100(以下为行列顺序,行不足 N2 项时用"0"补齐)

B1:锥头(封板)对应杆径.

B2:锥头(封板)对应杆壁厚.

B3:锥头(封板)对应螺栓.

B4:锥头(封板)对应套筒.

B5:锥头长(封板=0).

B6:锥头底外径(封板=B1).

B7:锥头底内径(封板=0).

B8:锥头(封板)底厚.

B9:锥头平直部分外缘长(封板=-8).

B10:锥头平直部分内缘长(封板=0).

B11:锥头切削厚.

B12:锥头加厚.

*** 封板与锥头 ***

151

34 30 12 0 0 34 0 120 −8 0 7 45

34 30 14 0 0 34 0 120 −8 0 7 45

34 30 16 0 0 34 0 140 −8 0 7 45

42 30 16 0 0 42 0 140 −8 0 7 45

42 30 20 0 0 42 0 160 −8 0 7 45

42 35 12 0 0 42 0 120 −8 0 7 45
42 35 14 0 0 42 0 120 −8 0 7 45
48 35 14 0 0 48 0 120 −8 0 7 45
48 35 16 0 0 48 0 140 −8 0 7 45
48 35 20 0 0 48 0 160 −8 0 7 45
48 35 22 0 0 48 0 160 −8 0 7 45
48 35 24 0 0 48 0 160 −8 0 7 45
60 35 16 0 0 60 0 140 −8 0 7 45
60 35 20 0 0 60 0 160 −8 0 7 45
60 35 22 0 0 60 0 160 −8 0 7 45
60 35 24 0 0 60 0 160 −8 0 7 45
60 35 27 0 0 60 0 200 −8 0 7 45
60 35 30 0 0 60 0 200 −8 0 7 45
76 40 20 0 60 58 46 160 10 20 7 45
76 40 22 0 60 58 46 160 10 20 7 45
76 40 24 0 60 58 46 160 10 20 7 45
76 40 27 0 60 58 46 200 10 20 7 45
76 40 30 0 60 58 46 200 10 20 7 45
76 40 33 0 60 58 46 200 10 20 7 45
89 40 20 0 70 68 46 160 10 20 7 45
89 40 22 0 70 68 46 160 10 20 7 45
89 40 24 0 70 68 46 160 10 20 7 45
89 40 27 0 70 68 56 200 10 20 7 45
89 40 30 0 70 68 56 200 10 20 7 45
89 40 33 0 70 68 56 200 10 20 7 45
89 40 36 0 70 68 56 300 10 20 7 45
89 40 42 0 70 68 56 300 10 20 7 45
108 45 20 0 70 70 34 160 10 20 7 45
108 45 22 0 70 70 38 160 10 20 7 45
108 45 24 0 70 70 42 160 10 20 7 45
108 45 27 0 70 70 45 200 10 20 7 45
108 45 30 0 70 70 52 200 10 20 7 45
114 40 20 0 70 70 46 160 10 20 7 45
114 40 22 0 70 70 46 160 10 20 7 45
114 40 24 0 70 70 46 160 10 20 7 45
114 40 27 0 70 70 60 200 10 20 7 45
114 40 30 0 70 70 60 200 10 20 7 45
114 40 33 0 70 70 60 200 10 20 7 45

114 40 36 0 70 70 60 300 10 20 7 45
114 40 42 0 70 70 60 300 10 20 7 45
133 50 27 0 90 70 60 200 12 20 8 45
133 50 30 0 90 70 60 200 12 20 8 45
133 50 33 0 90 70 60 200 12 20 8 45
133 50 36 0 90 70 70 300 12 20 8 45
133 50 39 0 90 70 70 300 12 20 8 45
133 50 42 0 90 70 70 300 12 20 8 45
140 40 20 0 90 75 60 160 12 20 8 45
140 40 22 0 90 75 60 160 12 20 8 45
140 40 24 0 90 75 60 160 12 20 8 45
140 40 27 0 90 75 60 200 12 20 8 45
140 40 30 0 90 75 72 200 12 20 8 45
140 40 33 0 90 75 72 200 12 20 8 45
140 40 36 0 90 75 72 300 12 20 8 45
140 40 39 0 90 75 72 300 12 20 8 45
140 80 36 0 90 75 75 300 17 25 8 45
140 80 39 0 90 75 75 300 17 25 8 45
140 100 42 0 90 75 75 300 17 25 8 45
140 100 45 0 90 75 75 350 17 25 8 45
140 100 48 0 90 75 75 350 17 25 8 45
140 100 52 0 90 75 75 350 17 25 8 45
140 100 56 0 90 75 75 400 17 25 8 45
159 60 20 0 120 100 80 160 17 25 8 45
159 60 22 0 120 100 80 160 17 25 8 45
159 60 24 0 120 100 80 160 17 25 8 45
159 60 27 0 120 100 80 200 17 25 8 45
159 60 30 0 120 100 80 200 17 25 8 45
159 60 33 0 120 100 80 200 17 25 8 45
159 60 36 0 120 100 80 300 17 25 8 45
159 60 39 0 120 100 80 300 17 25 8 45
159 60 42 0 120 100 80 300 17 25 8 45
159 60 45 0 120 100 80 350 17 25 8 45
159 60 48 0 120 100 80 350 17 25 8 45
159 60 52 0 120 100 90 350 17 25 8 45
159 80 56 0 120 100 80 400 17 25 8 45
159 80 60 0 120 100 80 400 17 25 8 45
159 80 64 0 120 100 90 450 17 25 8 45

165 60 30 0 120 100 75 200 17 25 8 45
165 60 33 0 120 100 75 200 17 25 8 45
165 60 36 0 120 100 75 300 17 25 8 45
165 60 39 0 120 100 75 300 17 25 8 45
165 60 42 0 120 100 75 300 17 25 8 45
165 60 45 0 120 100 75 350 17 25 8 45
165 60 48 0 120 100 75 350 17 25 8 45
165 60 52 0 120 100 75 350 17 25 8 45
165 60 56 0 120 100 75 400 17 25 8 45
165 60 60 0 120 100 75 400 17 25 8 45
168 60 30 0 120 100 80 200 17 25 7 45
168 60 33 0 120 100 80 200 17 25 7 45
168 60 36 0 120 100 80 300 17 25 7 45
168 60 39 0 120 100 80 300 17 25 7 45
168 60 42 0 120 100 80 300 17 25 7 45
168 80 45 0 120 100 77 350 17 25 7 45
168 80 48 0 120 100 77 350 17 25 7 45
168 80 52 0 120 100 84 350 17 25 7 45
168 80 56 0 120 100 94 400 17 25 7 45
168 80 60 0 120 100 100 400 17 25 7 45
168 100 48 0 120 100 77 350 17 25 7 45
168 100 52 0 120 100 84 350 17 25 7 45
168 100 56 0 120 100 94 400 17 25 7 45
168 100 60 0 120 100 100 400 17 25 7 45
168 100 68 0 120 100 100 450 17 25 7 45
180 140 36 0 120 120 109 300 32 40 9 45
180 140 39 0 120 120 109 300 32 40 9 45
180 140 42 0 120 120 109 300 32 40 9 45
180 140 45 0 120 120 109 350 32 40 9 45
180 140 48 0 120 120 109 350 32 40 9 45
180 140 52 0 120 120 109 350 32 40 9 45
180 140 56 0 120 120 109 400 32 40 9 45
180 140 60 0 120 120 109 400 32 40 9 45
180 140 64 0 120 120 109 450 32 40 9 45
180 140 68 0 120 120 109 450 32 40 9 45
219 80 20 0 120 120 105 160 27 35 9 45
219 80 24 0 120 120 105 160 27 35 9 45
219 80 27 0 120 120 105 200 27 35 9 45

219 80 30 0 120 120 105 200 27 35 9 45
219 80 33 0 120 120 105 200 27 35 9 45
219 80 36 0 120 120 105 300 27 35 9 45
219 80 39 0 120 120 105 300 27 35 9 45
219 80 42 0 120 120 105 300 27 35 9 45
219 160 45 0 120 120 105 350 27 35 9 45
219 160 48 0 120 120 105 350 27 35 9 45
219 180 52 0 120 120 105 350 27 35 9 45
219 180 56 0 120 120 105 400 27 35 9 45
219 180 60 0 120 120 105 400 27 35 9 45
219 180 64 0 120 120 110 450 27 35 9 45
219 180 68 0 120 120 110 450 27 35 9 45
219 180 72 0 120 140 110 500 27 35 9 45
219 180 76 0 120 140 110 500 27 35 9 45
219 180 80 0 120 160 110 500 27 35 9 45
219 180 85 0 120 160 110 550 27 35 9 45
245 160 56 0 160 150 105 400 35 35 9 45
245 160 60 0 160 150 105 400 35 35 9 45
245 160 64 0 160 150 110 450 35 35 9 45
245 160 68 0 160 150 110 450 35 35 9 45
245 160 72 0 160 150 110 500 35 35 9 45
245 160 76 0 160 150 110 500 35 35 9 45
245 160 80 0 160 150 110 500 35 35 9 45
245 160 85 0 160 150 110 550 35 35 9 45
325 200 56 0 200 160 103 400 35 35 9 45
325 200 60 0 200 160 103 400 35 35 9 45
325 200 64 0 200 160 110 450 35 35 9 45
325 200 68 0 200 160 110 450 35 35 9 45
325 200 72 0 200 160 110 500 35 35 9 45
325 200 76 0 200 160 110 500 35 35 9 45
325 200 80 0 200 160 110 500 35 35 9 45
325 200 85 0 200 160 110 550 35 35 9 45

段落结束

附录 4　支座标准图

　　每个网架设计人员所绘制的网架支座会有所不同，该标准图将常用的网架支座形式分为 a~h 类（还可以增加），每种支座地脚螺栓分为三种（4-30、4-42、4-56），影响网架支座的控制数据主要是两点：（1）地脚螺栓；（2）预埋锚筋。

　　（1）地脚螺栓的验算按照《钢结构设计标准》GB 50017 执行，在支座归并阶段输入支座高度控制数据时，会影响弯矩的大小，尽量与实际高度相一致（默认支座高度＝300mm），并注意是否考虑基础支托的影响（F 类）确定是否考虑 X、Y 向剪力的作用。

　　（2）预埋锚筋按照《混凝土结构设计规范》GB 50010（9.7 预埋件与连接）执行，严格计算预埋锚筋的数量。

　　（3）形成支座布置图时，控制归并螺栓直径，形成支座布置图，并附上相应支座和预埋件详图（附图 4-1）。

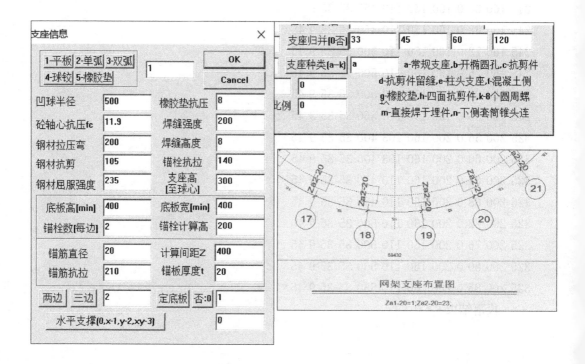

附图 4-1　支座计算、归并和统计

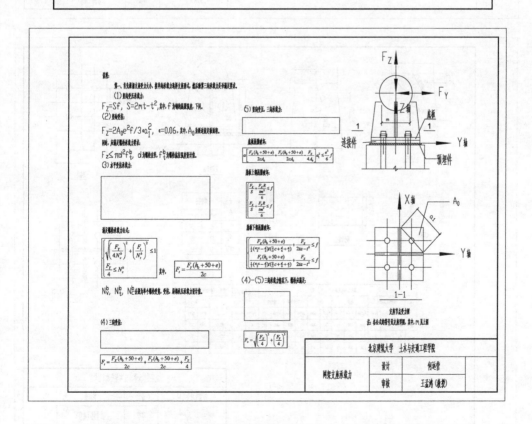

说明：一、图中单位若没有特别说明，为mm。图中的符号意义如下：

1. a、b、e 为连接板和底板的长、宽、厚；

2. h_0、f、t 分别为肋板的高度、上部宽度、厚度，h_1 为螺栓端螺心到肋板顶部的距离，本图以50mm为例，实际中应根据构造要求取值。h_2 为肋板开槽高度，$h_2 = (h_0 + h_1 - R)/2 + 2mm$，$d$、$c$ 分别为螺栓杆的直径和中心间距。

3. R 为螺栓端的半径，$R = \phi/2$，本文以100mm为例，实际中应根据构造要求取值。

4. s 为螺纹长度，略大于2倍的螺帽厚度+垫圈厚度的一半（取5mm），l 为螺栓长度，e_1 为剖切厚度，e_0 为未剖切厚度，地脚螺栓通过熔透 e_0 厚度的钢板，和整块板件焊接在一起。

5. 对于 $Z_b - \phi$ 类支座，l_0 为椭圆孔的长度，$l_0 = l_1 + d + 2$，实际应用中，$l_1 = 15mm$。

二、各标准图中的连接件（M-n）详细构造见顶面详图，其中，M-4 为 $Z_f - \phi$ 类支座侧向钢管和柱的连接件。

三、肋板下部的尺寸和底板的宽度相同。

螺栓孔中心之间的间距根据构造要求确定，各个构件的详细尺寸参见图本图确定，但点根据实际的构造要求进行调整。

四、表中的"+"代表拉力，"-"代表压力

五、图中没有用字等符号表示的尺寸应端尺根点的构造要求，其中，地脚螺栓的尺寸仅供参考，需要根据实际情况选择。

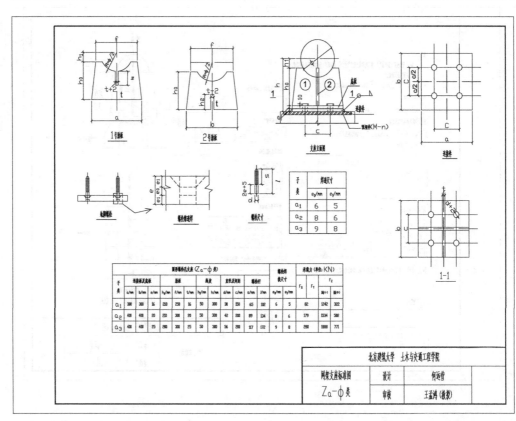

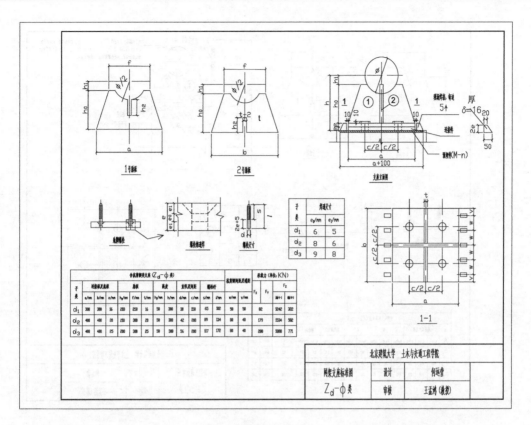

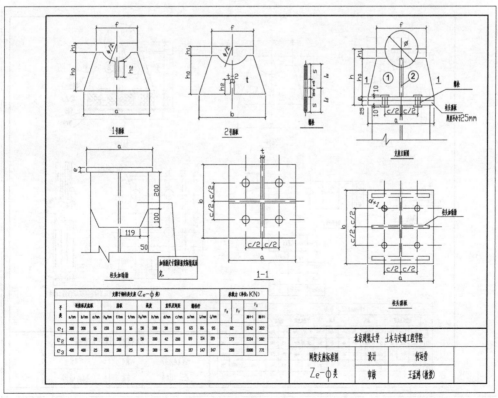

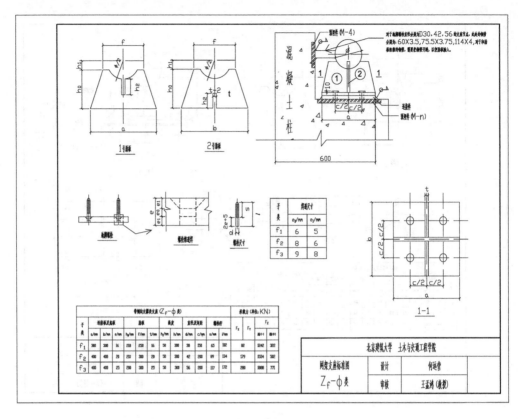

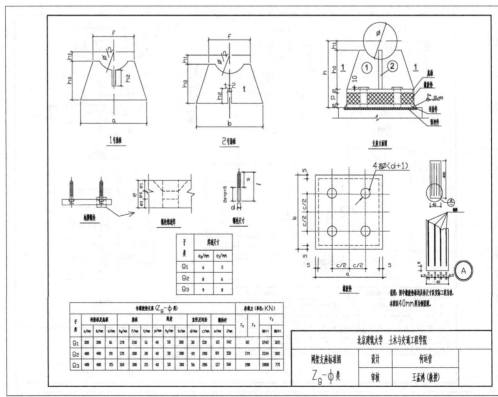

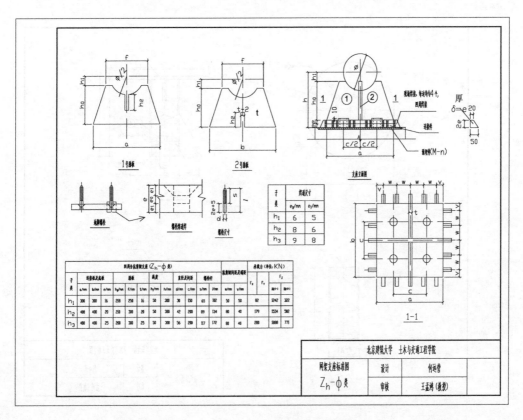

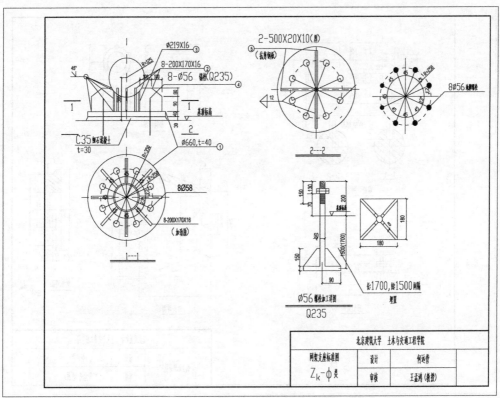

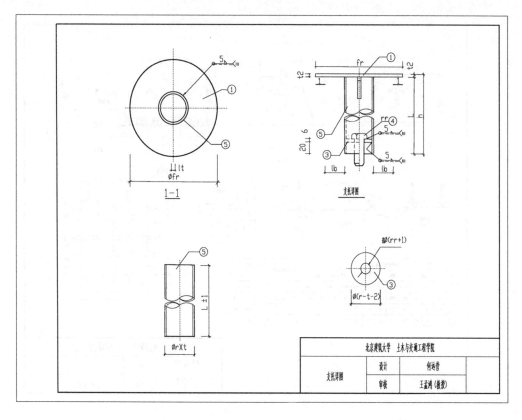

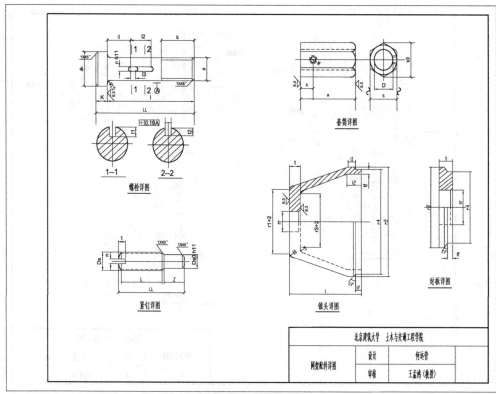

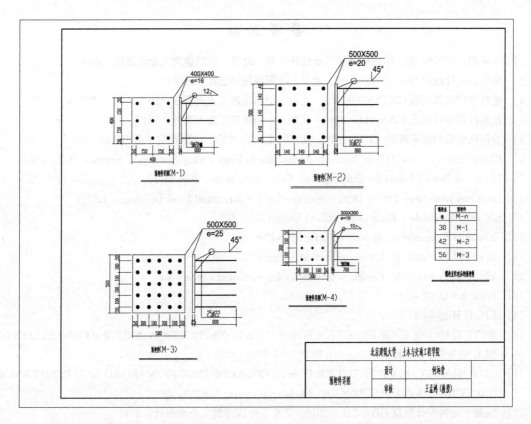

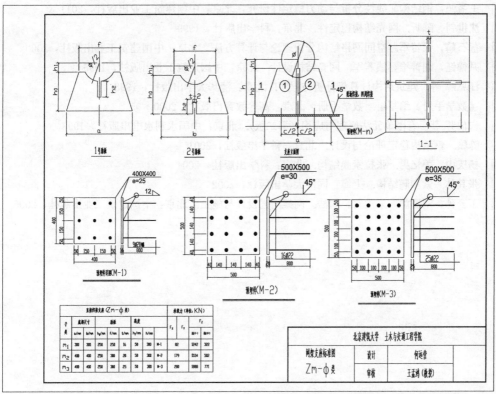

参 考 文 献

[1] 李星荣，李和华 等. 钢结构连接节点设计手册. 北京：中国建筑工业出版社，2005

[2] 钢结构设计规范 GB 50017—2003. 北京：中国规划出版社，2010

[3] 建筑结构荷载规范 GB 50009—2001. 北京：中国建筑工业出版社，2012

[4] 建筑抗震设计规范 GB 50011—2010. 北京：中国建筑工业出版社，2010

[5] 空间网格结构技术规程 JGJ7—2010、J1072—2010. 北京：中国建筑工业出版社，2010

[6] Klaus-Jurgen Bathe，《Finite Element Procedures in Engineering Analysis》，prentice-Hall，1982

[7] Minimum Design Loads for Buildings and Other Structures，ASCE7-10

[8] Load and Resistance Factor Design Specification for Structural Steel Buildings，LRFD

[9] EN 1990 Eurocode：Basis of Structural Design

[10] EN 1991 Eurocode 1：Actions on structures EN

[11] EN 1993 Eurocode 3：Design of steel structures

[12] EN 1998 Eurocode 8：Design of structures for earthquake resistance

[13] SNiP 2.01. 07-85 *

[14] CHиП II-23-81 *

[15] EGYPTIAN CODE OF PRACTICE FOR STEEL CONSTRUCTION AND BRIDGES（ALLOWA-BLE STRESS DESIGN）Code No. ECP 205，2001

[16] EGYPTIAN CODE OF PRACTICE FOR STEEL CONSTRUCTION（LOAD AND RESISTANCE FACTOR DESIGN）（LRFD）（205）Ministerial Decree No 359，2007

[17] 混凝土结构设计规范 GB 50010—2010. 北京：中国建筑工业出版社，2011

[18] 王孟鸿，钢结构非线性分析与动力稳定性研究，北京：中国建筑工业出版社，2011

[19] 沈世钊，陈昕. 网壳结构稳定性. 北京：科学出版社，1999

[20] 董石麟，钱若军. 空间网格结构分析理论与计算方法. 北京：中国建筑工业出版社，2000

[21] 尹德钰，刘善维，钱若军. 网壳结构设计. 北京：中国建筑工业出版社，1996

[22] 江见鲸 等. 建筑结构计算机分析与程序. 北京：清华大学出版社，1998

[23] 《数学手册》编写组. 数学手册. 北京：高等教育出版社，2000. 05

[24] 朱伯芳 著. 有限单元法原理与应用（第二版）. 北京：中国水利水电出版社，1998

[25] 陈骥. 钢结构稳定理论与设计. 北京：科学出版社，2001

[26] 杨庆山，姜忆男. 张拉索膜结构. 北京：科学出版社，2004

[27] 张其林. 索和膜结构. 上海：同济大学出版社，2002

[28] 丁云孙，刘罗静，朱洪符，胡浩. 网架网壳设计与施工. 北京：中国建筑工业出版社，2006